哲人石丛书

Philosopher's Stone Series

# 哲人石丛书

立足当代科学前沿
彰显当代科技名家
绍介当代科学思潮
激扬科技创新精神

策　划

潘　涛　卞毓麟

哲人石丛书

Philosopher's Stone Series

当代科普名著系列

上海出版资金项目
Shanghai Publishing Funds

# 目睹创世

## 欧洲核子研究中心及大型强子对撞机史话


阿米尔·D·阿克塞尔 著

乔从丰 田雨 吕晓睿

汤亮 陈曰德 译

乔从丰 审校



上海科技教育出版社

**图书在版编目(CIP)数据**

目睹创世:欧洲核子研究中心及大型强子对撞机史话 /(美)阿克塞尔(Aczel, A. D.)著;乔从丰等译. —上海:上海科技教育出版社,2014.12

(哲人石丛书. 当代科普名著系列)

书名原文:Present at the creation: the story of CERN and the large hadron collider

ISBN 978 - 7 - 5428 - 6133 - 7

Ⅰ. ①目… Ⅱ. ①阿… ②乔… Ⅲ. ①强子—对撞机—研究 ②宇宙—起源—研究 Ⅳ. ① O572.21 ②P159.3

中国版本图书馆 CIP 数据核字(2014)第 282328 号

LHC 隧道内正在建造中的ATLAS探测器,显示了它的特征性环面结构和它超导磁体的8个巨大的线圈。(CERN的ATLAS合作组供图)

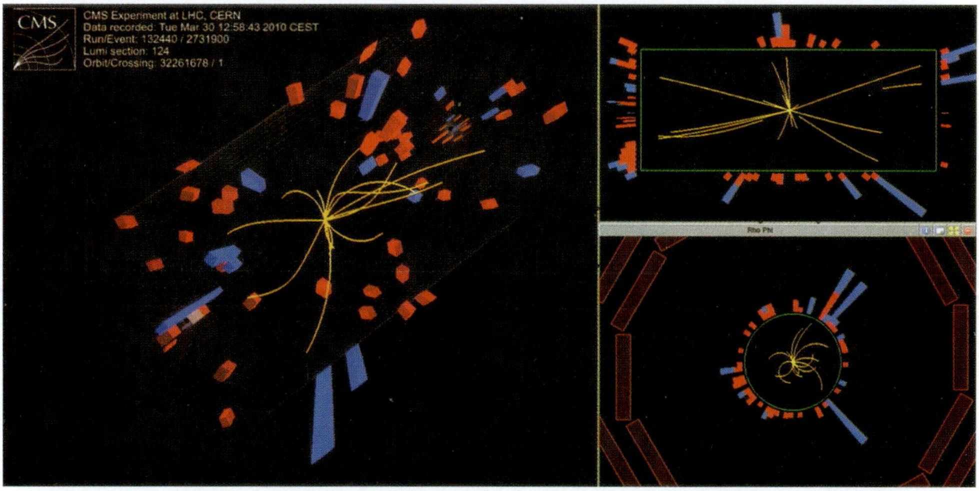


2010年3月30日12时58分CMS探测器内首次高能质子对撞的结果。(CERN的CMS合作组供图)

一个μ子候选者(长长的粒子径迹延伸至探测器区域之外),结果源于2010年3月30日ATLAS探测器内的高能对撞。[CERN的马尔切洛尼(Claudia Marcelloni)供图]

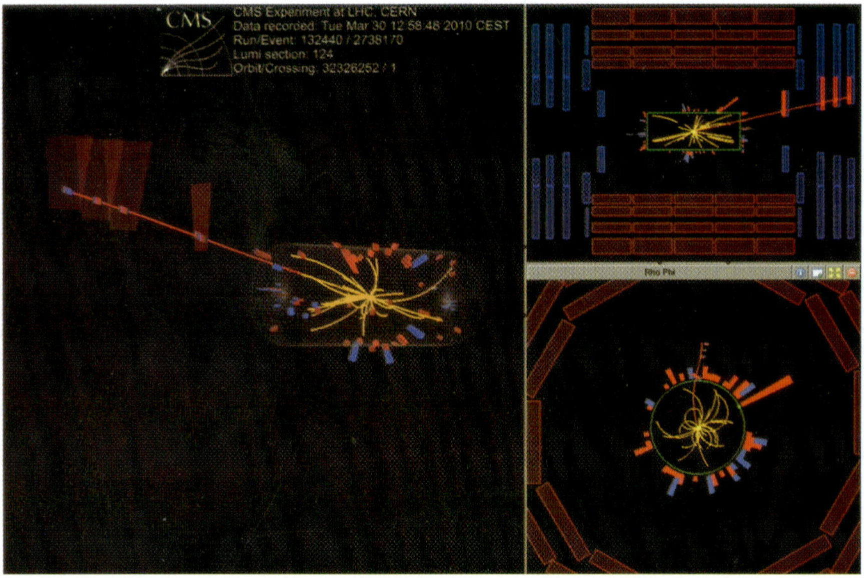



2010年3月30日CMS探测器上7 TeV水平的粒子对撞,显示了一个μ子候选者。(CERN的CMS合作组供图)

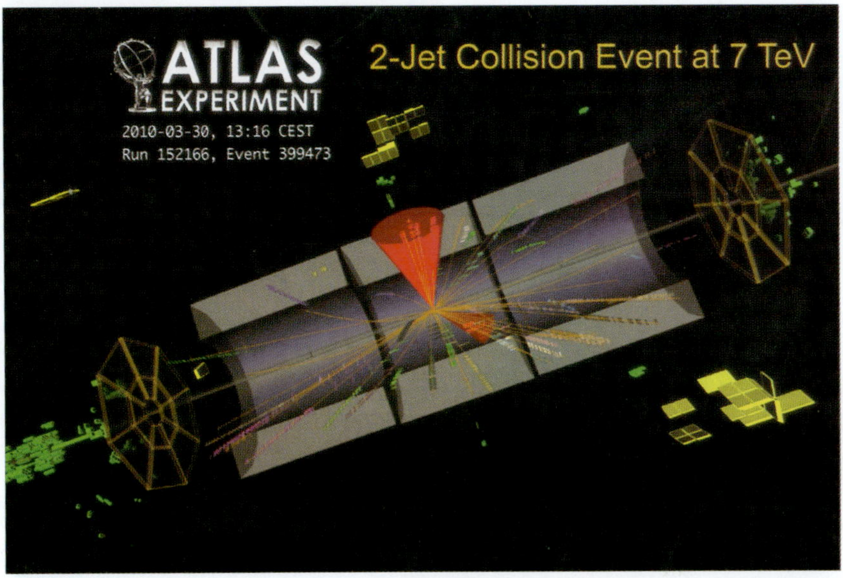


ATLAS在7 TeV水平的对撞径迹，显示了发射于质子对撞点的两个喷注(粒子径迹在两个红色的圆锥体内)。(CERN的马尔切洛尼供图)

为了质子对撞的启动而关闭LHC隧道之前的CMS探测器。(阿米尔·D·阿克塞尔供图)

萨斯坎德在西西里岛一个古希腊神庙遗址边深思黑洞问题。[沃伦(Anne E. Warren)供图]

2010年3月5日雷达埃利在CERN控制中心。(阿米尔·D·阿克塞尔供图)

诺贝尔物理学奖得主、得克萨斯大学的温伯格,他发展出了一个统一弱作用力和电磁作用力的理论。[路易丝·温伯格(Louise Weinberg)供图]

弦论的发明者韦内齐亚诺,在巴黎法兰西学院他的办公室。(阿米尔·D·阿克塞尔供图)

诺贝尔物理学奖得主、芝加哥大学和费米实验室的莱德曼，μ子中微子的共同发现者。(莱德曼本人供图)

意大利物理学家佩塔尼亚在放置CMS探测器的地下室内。(阿米尔·D·阿克塞尔供图)

粒子物理学家奇里利在ATLAS控制中心。(阿米尔·D·阿克塞尔供图)

满怀喜悦的托内利,CMS团队的负责人,正在指出2010年3月30日他的团队获得的在创纪录的7 TeV能量水平上质子对撞的首次结果。(CERN的CMS合作组供图)

诺贝尔物理学奖得主、麻省理工学院的维尔泽克,他是夸克禁闭理论的共同提出者(实为QCD渐近自由性质的发现者之一——译者)。(麻省理工学院供图)

贾诺蒂,ATLAS团队的负责人,建设期间在ATLAS探测器内。[CERN的斯特罗伊克(Mike Struik)供图]

诺贝尔物理学奖得主、麻省理工学院的弗里德曼，他在斯坦福直线加速器中心的实验工作为夸克的存在提供了证据。（弗里德曼本人供图）

诺贝尔物理学奖得主、斯坦福直线加速器中心的佩尔，τ子的发现者。[佐恩(Jens Zorn)供图]

诺贝尔物理学奖得主、普林斯顿大学的菲利普·安德森，他的理论工作为我们认识希格斯机制铺平了道路。[蔡斯克(Eva Zeisky)供图]

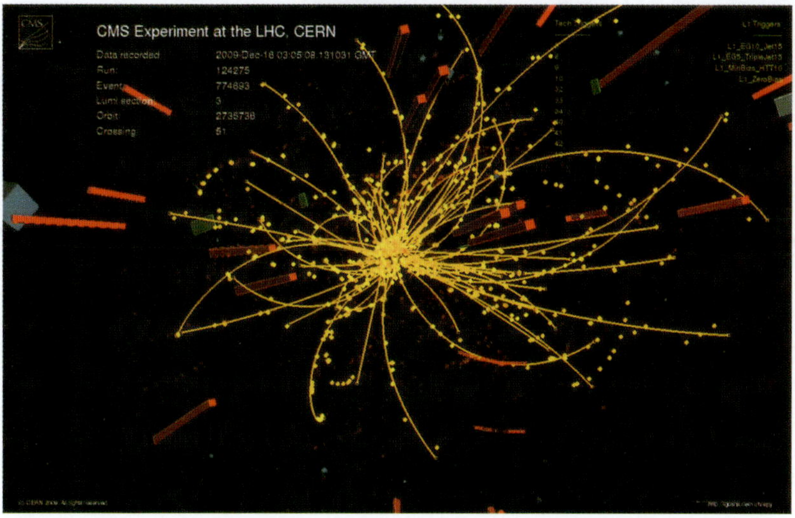


2009年12月的一幅早期CMS质子对撞展示图。(CERN的CMS合作组供图)

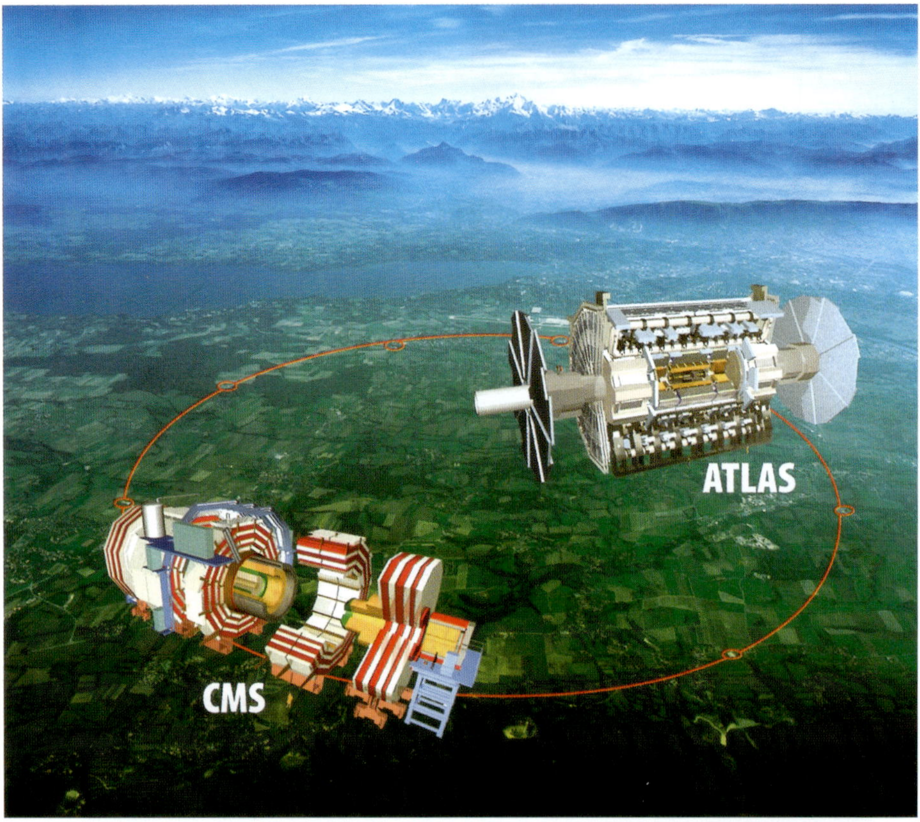


鸟瞰临近日内瓦的瑞士和法国边界区域，背景是阿尔卑斯山，显示了LHC的轨迹和它的探测器位点，插入了ATLAS和CMS的示意图。(CERN的CMS合作组的新闻小组供图)

# 对本书的评价

丹·布朗(Dan Brown)的粉丝和科学爱好者对欧洲核子研究中心(CERN)都非常熟悉,在那里,科学家使用有史以来最大、能量最高、最强有力的机器——大型强子对撞机(LHC),来"刺探"我们的宇宙是如何创生的。在阿克塞尔笔下,事实比小说更扣人心弦和引人入胜。这是一次激动人心的真正科学冒险。

——《出版人周刊》(*Publishers Weekly*)

这本书对物理学的前沿研究做了极富吸引力的详述。

——亚瑟·米勒(Arthur I. Mille),

《破译宇宙数》(*Deciphering the Cosmic Number*)一书作者

# 内容提要

大型强子对撞机（LHC）坐落于欧洲核子研究中心（CERN），在瑞士和法国交界处的乡村地下25.659千米长的环形隧道中。它的宏伟目标是要再现大约137亿年前，宇宙创生之初万亿分之一秒时的炽热高密状态。它的超导磁体将两束运动方向相反的质子束缚在轨道中，当束流被加速到光速的99.9999991%时，质子—质子进行对撞。根据爱因斯坦著名的质能方程 $E = mc^2$，一瞬间的能量足以产生粒子簇射和宇宙创生短暂一刻之后再未发生的现象。在LHC的探测器上，科学家们期望看到物理学和宇宙学中的一些重要理论得到实验检验。2012年7月4日，希格斯玻色子在LHC上现身，填补了粒子物理学标准模型中缺失的一环，显示了LHC的强大威力。

本书围绕LHC这一国际上迄今体积最大、能量最高的粒子加速器，用朴素的语言描绘了高能物理学家孜孜以求的微观世界图景。著名科普作家阿克塞尔在国际顶尖科学家团队尝试这个耗资数十亿欧元的装置能否实现其宏伟目标的关键时刻，通过将我们带入CERN的控制室，开始了他对这个也许是科学史上最受关注的事件的讲述。透过CERN和LHC的设计者和建造者的视角，阿克塞尔丰富和增强了我们对认识未来科学发现所需的基本概念的了解。几乎可以肯定，当这个大机器再次开足马力运行时，科学发现必将涌现。通过本书，我们就能够跟得上LHC实验的进展。爱因斯坦说："我想知道上帝的想法，其他的都只是细节。"本书将满足抱持同样观点之读者的好奇心。

# 作者简介

阿米尔·D·阿克塞尔(Amir D. Aczel,1950— ),出生于以色列海法,21岁时负笈美国，在著名的加州大学伯克利分校学习数学和物理学，分别获得学士和硕士学位，之后又在俄勒冈大学获得统计学博士学位。阿克塞尔博士是出色的数学和科学史研究专家，已经出版了十多部数学、物理学方面的科普书,其中有些已成为科普著作中的经典和畅销书,被译成了多国文字,如《费马大定理——解开一个古老数学问题的秘密》(*Fermat's Last Theorem:Unlocking the Secret of an Ancient Mathematical Problem*)、《纠缠态——物理学的最大之谜》(*Entanglement:The Greatest Mystery in Physics*)和《上帝的方程式——爱因斯坦、相对论和膨胀的宇宙》(*God's Equation:Einstein, Relativity, and the Expanding Universe*)等。阿克塞尔博士经常在世界各地作科普报告,也常常在广播和电视节目中出现,广受科学爱好者的欢迎。

# 译者前言

高能物理学是研究微观世界基本组成和运行规律的科学，是人类探索自然、认识自然、利用自然的重要方向。这个学科在20世纪取得了骄人的成绩，产生了一大批在人类文明进步史上有重要影响的科学成果和科学家。进入21世纪后，人类在微观世界的征程并没有停止，高能物理学家们还在孜孜以求地不断地向前推进。

坐落在瑞士—法国交界处的欧洲核子研究中心(CERN)之内的大型强子对撞机(LHC)，是有史以来人类建造的最大的科学研究装置，它是目前研究基本粒子物理能量最高的实验平台。LHC带着寻找粒子物理学标准模型所预言的希格斯粒子的使命，在2009年开始运行近三年后，终于发现了物理学家，也是其他科学家们和国际社会翘首以盼的、在基本粒子获得质量过程中扮演重要角色的希格斯粒子。这个基本粒子的发现，标志着标准模型大厦的最后一块基石得到确认。但LHC的使命并没有结束，它将在进一步研究标准模型和希格斯粒子性质的同时，寻找超出标准模型的新物理学，一直工作到大约2030年。这期间人们预期并希望LHC上还会有更多、更大的科学发现产生。

本书作者阿米尔·D·阿克塞尔博士是出色的数学和科学史研究专家，已经出版了十多部数学、物理学方面的科普书，其中有些已成为科普著作中的经典和畅销书，被翻译成了多国文字，广受科学爱好者的欢迎。在LHC最近发现希格斯粒子的重要时刻，我们把阿克塞尔博士这本通过记述LHC实验而介绍高能物理学发展前沿的著作翻译成中文，供青年学生、科普爱好者及时了解目前高能物理学的发展。

译者是中国科学院大学的教学、科研人员，尽管平时都有繁重的工作任务，但本着科学工作者的社会责任和对高能物理学科的喜爱，大家还是尽可能地抽出时间，认真地把本书翻译出来，以飨读者。为翻译本书我们付出了许多努力，但限于水平和时间，疏漏、误译恐难避免，欢迎读者发现后不吝赐教，以便再版时予以订正。

译者

2014年11月30日于北京

献给米丽娅姆(Miriam)

她热爱物理学

对宇宙的奥秘充满好奇

# 目录

# 致谢

一个作家终其一生，也就有一两次机会碰上全球范围内对科学的认识上发生根本改变，并借此了解与之相关的人。有关瑞士日内瓦附近欧洲核子研究中心(CERN)的大型强子对撞机(LHC)的神奇传说，以及它正在如何改变着我们的世界观，恰好就给我提供了这样一种机会。它深深地吸引着我，带领我开始了那充满激情的发现之旅。有关这个科学计划，以及对这个科学传奇的描述，离不开世界各地许许多多人的热情帮助、关心和鼓励。

对这个科学征程的前期调研令我收获良多。我非常感谢那些顶尖科学家们慷慨地拿出宝贵的时间，尽量给我仔细解释他们在科学上的贡献，正在进行的研究，以及他们对未来的期望。

这些人包括13位诺贝尔物理学奖获得者，还有几十位其他顶尖物理学家、宇宙学家和数学家。他们都是21世纪物理学领域的佼佼者。非常感谢他们的支持、体谅，并对我的这项工作表示关心。

我很荣幸地被多次邀请访问CERN。感谢我的朋友巴伦吉(Carlo F. Barenghi)安排我访问实验室，他是数学家兼物理学家，一个智力超群的人。向CMS(紧凑型μ子线圈)合作组的意大利物理学家保罗·佩塔尼亚 (Paolo Petagna)致以深深的谢意，他带着我四处参观，给我介绍了许多科学家，使我能够仔细研究对撞机的各个部件和探测器，还给我讲了许多CERN的历史和神奇故事。

感谢斯坦博格(Jack Steinberger)给我讲述了CERN的早期历史，他因共同发现了μ子中微子而获得诺贝尔物理学奖。也非常感谢CERN的ATLAS*(LHC超环面仪) 合作

* ATLAS是LHC实验中的主要探测器之一。——译者

组的发言人贾诺蒂(Fabiola Gianotti),谢谢她和我讨论ATLAS合作组的目标以及她的物理人生。感谢ATLAS合作组前发言人詹尼(Peter Jenni)提供的有关ATLAS合作组工作的信息。还是关于ATLAS,感谢奇里利(Manuela Cirilli)带我参观ATLAS的控制室,还给我讲述了她的职业生涯。

衷心感谢CERN的CMS合作组发言人托内利(Guido Tonelli)给我的诸多帮助。他让我在CERN有宾至如归的感觉。他给我解释了CMS探测器的工作原理,还给我展示了他们在2010年3月30日粒子对撞能量达到7 GeV时得到的激动人心的结果。非常感谢雷达埃利(Stefano Redaelli)向我展示如何控制LHC,并给我讲解他在CERN的控制中心要做的事;感谢特罗佩亚(Paola Tropea)带我参观CERN的控制中心;感谢索兰德(Peter Sollander)给我解释了CERN的低温技术和加速器的温度控制系统,还有这个大机器建造的方方面面。感谢柯克比(Jasper Kirkby)给我解释欧洲核子研究中心的云项目(CLOUD)*,柯西尼(Roberto Corsini)为我展示CERN的下一代直线加速器的模型。非常感谢CERN理论部的负责人阿尔瓦雷斯—高梅(Luis Alvarez-Gaume),谢谢他拿出时间解释他的研究工作和想法;非常感谢CERN的理论物理学家埃利斯(John Ellis)给我的建议并提供他在CERN工作的一些信息,他还给我画了几幅他那著名的企鹅图**。感谢作家利姆(Rebecca Sara Leam)和CERN新闻组的负责人吉里斯(James Gillies)对我工作的兴趣并欢迎我到CERN访问。感谢CERN允许我在本书中借用了许多美妙的图片。

非常感谢诺贝尔物理学奖获得者、美国费米实验室和芝加哥大学物理学家莱德曼(Leon Lederman)给我讲述他的学术成就和科学探索的一些细节,他是μ子中微子的共同发现者。

非常感谢诺贝尔物理学奖获得者温伯格(Steven Weinberg)邀请我

---

* CERN 开展的一项宇宙线实验研究计划。——译者

** 企鹅图是埃利斯发明的、在高能理论计算中遇到的一类过程的示意图,业内通常称为费恩曼图。——译者

到得克萨斯大学奥斯丁汀分校访问他,并给我讲述了统一电磁相互作用和弱相互作用的神奇故事,这项工作是理论物理学中最伟大的成就之一,他因此获得了诺贝尔奖。衷心感谢乌得勒支大学的诺贝尔物理学奖获得者特霍夫特(Gerard'tHooft)为我阐释他在规范理论重正化及量子理论基础研究方面的工作。感谢波士顿大学的诺贝尔物理学奖获得者格拉肖(Sheldon L. Glashow)为我讲解了他的理论工作。

说起加利福尼亚州的斯坦福,非常感谢斯坦福直线加速器中心(SLAC)的诺贝尔物理学奖获得者佩尔(Martin Perl)热情邀请我到他们实验室,并且回顾了他发现τ子的神奇故事。还是关于斯坦福,同样感谢杰出的理论物理学家萨斯坎德(Leonard Susskind)给我讲了他在黑洞、超弦、与特霍夫特一起发展的全息原理及现代物理学中其他方面的发现。

说起伯克利,感谢斯穆特(Geoge Smoot)向我介绍了他的发现,他因发现太空中微波背景辐射的黑体形式和各向异性而获得了2006年诺贝尔物理学奖;感谢盖亚尔(Mary K. Gaillard)与我讨论她对粲夸克和底夸克质量预言的结果。

麻省理工学院有好几位物理学家对我写这本书的准备工作特别有帮助。诺贝尔物理学奖获得者维尔泽克(Frank Wilczek)给我讲述他与格罗斯(David Gross)、波利策(Hugh David Politzer)一同发现的支配夸克行为及致使其永远在强子中禁闭的渐近自由机制*,使我受益匪浅。衷心感谢我的好朋友、诺贝尔物理学奖获得者杰罗姆·弗里德曼 (Jerome I. Friedman),他给我讲述了他在斯坦福直线加速器中心的加速器上所作出的关键贡献,即第一次实验证明了夸克的存在。谢谢他难以计数的建议和说明,并通读了书稿!同样感谢丹尼尔·弗里德曼(Daniel Freedman)为我短暂讲述过粒子物理学中的对称性。对暴涨宇宙的发现者古斯(Alan Guth)给我解释规范理论的方方面面表示真诚的谢意。非常感谢诺贝尔物理学奖获得者克特勒(Wolfgang Ketterle)给我详细介绍由他首次发现

---

* 说量子色动力学的渐近自由性质致使夸克禁闭不够准确。——译者

的玻色—爱因斯坦凝聚和费米气体方面的工作，以及他的许多想法和见解。非常感谢弦论专家茨维巴赫(Barton Zwiebach)给我讲解粒子理论、弦论和LHC的物理学基础，感谢他通读了书稿，指出了书中哪些见解不够准确和需要改进。

在普林斯顿，我在与诺贝尔物理学奖获得者菲利普·安德森(Philip W. Anderson)谈论凝聚态物理学及其相关的所谓“希格斯机制”时收益良多，他给我解释了他在这个领域的工作。在我夏季到现已作古的惠勒(Archibald Wheeler)在缅因州的家中拜访时，他给我讲解了量子魔法的复杂性，我从中获益良多。

非常感谢耶路撒冷的希伯来大学的贝肯斯坦(Jacob Bekenstein)和我仔细谈论了他有关黑洞及其奇异特性的工作。

在巴黎，感谢量子物理学家阿斯派克特(Alain Aspect)和诺贝尔物理学奖获得者科恩-塔努基(Claude Cohen-Tannoudji)与我仔细谈论了量子力学。多谢法兰西学院的韦内齐亚诺(Gabriele Veneziano)跟我谈论他的理论、粒子物理学标准模型和LHC所产生的影响，他是弦论的创始人。在英国牛津，数学家彭罗斯爵士 (Sir Roger Penrose)为我讲述了他对弦论和黑洞的观点，我从中受益匪浅。感谢我的好友蔡林格(Anton Zeilinger)和我在维也纳谈论粒子的量子特性；我从柏林的朋友雷恩(Jürgen Renn)那里了解到爱因斯坦生活中的许多事。在华盛顿特区，感谢诺贝尔物理学奖得主、美国国家标准技术研究院的菲利普斯(William Phillips)与我谈论激光冷却原子的量子特性。

给过我帮助的还有：美国物理联合会(AIP)和美国物理学会物理学史研究中心的尼尔斯·玻尔图书馆和档案馆；物理学史研究中心主任古德(Gregory Good)；物理学史研究中心的图书管理员和档案管理员，特别是布朗(Melanie Brown)、普劳蒂(Scott Prouty)、沙利文(Jennifer Sullivan)和加斯(Julie Gass)，她们在我2009年到访尼尔斯·玻尔图书馆时对我的研究给予了帮助。也感谢物理学史研究中心捐助者的资助，使得我能够到访尼尔斯·玻尔图书馆，并从那里丰富的物理学史第一手资料中获益良多。

这些年，一系列专业的物理学大会组织者、参会人员、报告人等也给过我帮助，特别是2009年哈佛大学—麻省理工学院的“数学和物理新观点研讨会”(Perspectives in Mathematics and Physics)，2009年东北大学的“超对称2009研讨会”(SUSY09)和“超出标准模型—大型强子对撞机研讨会”(BSM−LHC)，使我有机会了解许多与LHC有关的前沿研究，如超对称、弦论、超出标准模型的新物理等。

很感谢在伊利诺伊州费米实验室工作的波士顿大学物理学家沙布纳姆(Jabeen Shabnam)让我明白了一些粒子物理学概念。同样感谢慕尼黑工业大学的物理学家斯特罗伯(David Straub)、威克(Michael Wick)、阿尔特曼索费尔(Wolfgang Altmannshofer)对超对称和相关模型的生动、富有启发性的讲述。感谢南卫理公会大学的哈达万德(Haleh Hadavand)为我提供了ATLAS和CMS探测器的粒子物理学研究工作的情况。哈佛大学的瓦法(Cumrun Vafa)给我提供的一份弦论报告文档让我受益良多。感谢第戎的米西(Marie Musy)告诉我她对LHC及其安全性的看法。

特别感谢薛定谔(Erwin Schrödinger)的女儿露丝(Ruth)和女婿布劳尼策尔(Arnulf Braunizer)，他们欢迎我到他们位于奥地利阿尔卑斯山区的薛定谔故居，并向我展示了这位大物理学家的许多遗稿。在瑞士阿尔卑斯山区，我衷心感谢我的朋友德·奥尔良−波尔本(Alfonso de Orleans−Borbon)在我访问CERN期间邀请我到他家做客。

如果没有作家出版社(Writers House)的朱克曼(Albert Zuckerman)的鼓励、支持和热心，这本书的出版是不可想象的，非常感谢他在我将构想变成一本书的过程中所给予的关键性帮助，也非常感谢他在本书的策划、写作和出版过程中的积极运作。感谢出版社的洛克(Maya Rock)女士给予的帮助。

非常感谢杰出的编辑古扎迪(Peter Guzzardi)，他在本书编撰过程中见解深刻、非常认真、很有想法；是他那不计其数的建议和点子才使得本书成为现在这个样子。真诚感谢皇冠出版集团(Crown Publishing Group)

的编辑古兹曼(John Glusman)一直关注着这个复杂的出版计划直至其最后成功，并努力推介本书。同样非常感谢皇冠出版集团的阿利奥托(Domenica Alioto)在本书出版和发行工作中所做的努力，也感谢出版团队的其他成员，包括斯图尔特(Mary Anne Stewart)、曼迪克(Rachelle Mandik)、金宋熙(Songhee Kim)和沃特金斯(Norman Watkins)。将我发自内心的感激和爱献给我的妻子黛布拉(Debra)和女儿米丽娅姆(Miriam)，她们给了我许多特别有益的建议和看法。谢谢米丽娅姆在我调研过程中给予的帮助。

这本书中的人物无疑都是国际闻名的大物理学家、宇宙学家和数学家。能够认识他们中的许多人、了解无缘得见的其他人所做的工作，是我极大的荣耀和令人羡慕的机缘。从1972年我遇见第一位大物理学家海森伯(Werner Heisenberg)到2010年我最后采访特霍夫特，与这些研究宇宙最深刻奥秘的科学巨人们的接触是一种非常奇妙和令人震撼的经历。我期望通过本书，读者能与我一起分享那激动人心的探索。

## 第一章

# 质子大爆炸

雷达埃利(Stefano Redaelli)33岁,来自米兰,是一位长得高高瘦瘦、留着络腮胡子的粒子物理学家,具有犀利的眼神,常带着友好的微笑。他在我们这个星球近代历史中若干重大事件发生的当口,身处操控的位置。有人甚至说,在被称为大型强子对撞机(Large Hadron Collider,缩写为LHC)的巨大粒子加速器被驱动到前所未有的能量水平时,雷达埃利不仅是有史以来权力最大的人,也是历史上唯一一个凭着点击鼠标就能永久地改变世界,甚至是整个太阳系走向的人。

2010年3月5日下午4点40分,星期五,雷达埃利此时又是负责法国普雷维森小镇边上欧洲核子研究中心(CERN)控制中心的当值工程师,控制中心与CERN总部横跨瑞士—法国边境。这里控制着LHC这个全世界能量最高的粒子加速器,也控制着一系列小的加速装置,它们不断把质子(proton,带正电的粒子)加速,最后注入到LHC中。就是在这儿,LHC在经过冬季停机后又被重启,能量逐渐提高,不断突破原有记录。

在对撞机启动的时候,世界各地的媒体记者都被隔离在外,但我此时有幸接近LHC整体运行的神经中枢。环顾四周,我置身于一个篮球场大小的超现代环境中。有一面墙的窗户一直开到天花板,使法国汝拉白雪盖顶的山峦看起来近在眼前;其他墙上排满了宽大的彩色显示屏。科学家和工程师们分聚在四大张上面放满了计算机终端的工作台旁。控制中心看起来像是"企业号"宇宙飞船的发射平台和纽约证券交易所大厅的混搭,但墙面上雷达埃利和同事们此时紧盯着的显示器上所显示的并不是从深空传回的数据,也不是最新的股票价格。显示器上记录的是一长串来自26.659千米长、90米深的环形隧道深处的精确数据。测量内容包括:温度——已知宇宙中最低的温度,比外太空温度还要低;磁场强度——属于最强人造磁场,有些地方的磁场是地磁场的20万倍;以及能量——此时为450吉电子伏(GeV),已经是一个很高的水平了,以后还会逐渐增加15倍多,达到不可思议的7太电子伏(TeV,即万亿电子伏)[1]。

作为值班工程师,雷达埃利下达了增加电能提高我们下方隧道中加速器能量的指令。现在呈现在一个巨大显示器上的电能处于绿色到黄色(个别情况下达到红色)表示数百万兆瓦的区间——这是一个中等规模城市的耗电量。巨大的电流流入一万个大型的超导磁体和射频元器件,将LHC中的两束质子聚焦、偏转、加速,最终使它们的速度增加到非常接近光速。

房间里还有不少其他青年科学家,包括戴着眼镜、身材高大、来自瑞典的年轻技术员索兰德(Peter Sollander),他负责部分探测器的建造。在他旁边是液氦控制中心,液氦被用来冷却隧道中的超导磁体。我们对面墙上的显示屏显示的每一个长条代表154个磁体,此时每一个长条都是绿色,表明地下所有磁体的温度都没有超过1.9开尔文(也就是比绝对零度高1.9摄氏度,或零下456.25华氏度)。这就是超导磁体的环境温度。一旦任何一个磁体高于这个温度,显示屏上的长条就会变成红色,与此同时整个系统必须马上关闭,以避免灾祸的发生。

其他科学家也在密切注视着这个前所未有的复杂监控系统的各个

部分。这个大房间的左侧是负责注入加速器的子中心,这些注入加速器逐级提高能量。第一个是被称为 Linac2 的直线加速器,紧跟着的是能量更大的质子同步推进器,再接下来是质子同步加速器,最后是一个超级质子同步加速器(SPS)—— 一台在 20 世纪 80 年代有过辉煌历史的机器。最后一个加速器就把质子直接注入到了 LHC。另外一群终端控制着地下大型磁体的所有性能指标,电流源源不断地流入磁体。最后是右面的一群控制终端,也就是雷达埃利所在的位置,是 LHC 的控制中心。

屋子里这部分计算机的屏幕前簇拥着一群年轻的科学家,在他们身后有一位 60 岁左右、面容冷峻的人,他卷曲的头发有些灰白,穿着淡蓝色的运动衫和牛仔裤,紧盯着墙上左起第三个显示屏。这是林登·埃文斯(Lyndon Evans),一个沉静的人物,大家叫他“林”(Lyn),他是控制中心的灵魂,正注视着屏幕上的蓝线——标志着驱动地下 26.659 千米环中,两束沿相反方向以接近光速的速度飞奔的质子流的能量。埃文斯是一位威尔士物理学家,在 CERN 被称为“大型强子对撞机之父”,属于研究机构中管理部门的最高层。但在这个非同一般的,有来自世界各地超过一万名科学家的国际合作团队中,典型的情况是实际决策经常让这儿的年轻人来做:就是那些维护对撞机日常运行的科学家和工程师们。

与此同时,雷达埃利和他的同事们也在 CERN 的控制中心操控着 LHC,另外一些科学家操控着调制 LHC 上进行实际物理实验的四个超现代控制中枢。一个先进的控制室位于西面大约 8 千米的地方,称为 LHC 的“5 号点”,就在巨大的 CMS(紧凑型 μ 子线圈,Compact Muon Solenoid,缩写为 CMS)探测器上面。在这儿,托内利(Guido Tonelli)博士,一位来自比萨的顶尖粒子物理学家,控制着操作步骤。他们组的科学家都注视着各自的计算机屏幕,等待普雷维森小镇的 CERN 控制中心发出在隧道中加速的质子是否可以在他们脚下的超导探测器中进行高能对撞的指令。托内利全神贯注于计算机屏幕上的信息,完全忘却了屋子里的其他一切——那儿塞满了显示器、电缆和复杂的计算机设备。

CMS 是人类曾经建造过的最重的科学仪器，这个巨型结构由钢、铜、金、硅、成千上万的钨酸铅晶体、钛合金超导线圈，还有液氦槽组成；其上密布着非常灵敏的复杂电子元器件，重达 1.25 万吨。CMS 探测器上仅铁就重达 1 万吨，超过了埃菲尔铁塔的重量。这个大型装置的外层是一个强磁体，一个必须用液氦冷却到低于外太空的温度以保证超导性（没有电阻）的超导电磁体，这样才能达到所必需的高达 4 特斯拉的磁场强度（地球磁场的 10 万倍，LHC 上有些部件需要的磁场还要再高一倍）。在 CMS 探测器中，粒子爆炸的能量非常之高，是 137 亿年前宇宙大爆炸的万亿分之一秒后再没有出现过的。

对撞机启动的这天，我提前一个小时就到了 CMS 控制中心。我不禁诧异：这儿怎么这么怪异？控制室在法国乡村牧场中孤零零的一栋建筑里，周围是养牛的牧场和犁过的田地，离小村庄塞西不到 1 千米。离它最近的镇是东南 6 千米外的费内—伏尔泰镇。[伏尔泰（Voltaire）的名字是后来加到费内上的，以纪念这位 18 世纪法国著名的作家、哲学家曾在那里居住过，并写出了《老实人》（*Candide*），对小镇的经济作出了巨大的贡献。]

费内—伏尔泰镇边上是 LHC 的“8 号点”，有专门用途，叫做 LHCb 的探测器所在地（“b”代表 beauty ，即“美丽”）。再往东南远一点就是瑞士边界，过去就属于日内瓦的郊区。LHC 的“1 号点”位于日内瓦机场的西部郊区的梅林，被称为 ATLAS（LHC 超环面仪，A Toroidal LHC ApparatuS，缩写为 ATLAS）的探测器坐落于此，它的功能与 CMS 类似，工作于此的科学家团队也用质子碰撞做着类似的实验。在它附近是辐射状的 CERN 总部。假如你沿着 LHC 的环形路线继续向西，就会再次进入法国，过几千米后就到达了“2 号点”，LHC 的最后一个主探测器 ALICE（大型离子对撞实验，A Large Ion Collider Experiment，缩写为 ALICE）所在地。ALICE 和 LHCb 一样，是为特定科学目标而设计的。

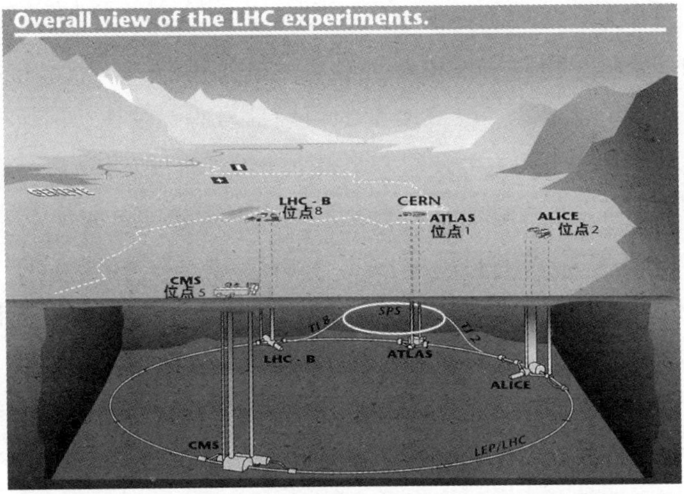


**图 1.1** LHC 实验全景图(CERN 的 AC 团队供图)

几个月前的 2009 年 11 月 30 日,在 LHC 准备冬季停机前夕,托内利和他的年轻科学家团队在计算机屏幕上追寻着成千上万个微小粒子的踪迹,这些粒子是由两束以接近光速运动的质子对撞,并以极大的能量在地下 CMS 内爆炸而级联产生的。

CMS 探测器运行时,每秒有几十亿个质子在它里面发生对撞。托内利告诉我,这些微小粒子中,只有十万分之一"异常事例"有可能在科学上让我们会很有兴趣。运用高级算法可以进一步筛选事例,每秒只有 300 个事例会被永久地记录,进行完整重建和物理分析。又在这些事例中,每秒大约有一次很有价值的粒子碰撞会在屏幕上显示,由于少于这个时间,人的肉眼就不能很好地看清复杂的图像。[2] 科学家在控制室日夜不停地工作,时不时地他们会发现一个特别的粒子级联反应过程——在地下深处大型探测器内部质子对撞后巨大爆炸所产生的碎片。在 2009 年 11 月和 12 月,加速器停机前,不断创造能量记录的质子碰撞中有许许多多这样的粒子径迹产生。

它们表示什么?会是捉摸不定的希格斯玻色子(Higgs boson)的迹象吗?物理学家们相信,是希格斯粒子赋予了宇宙中所有物质的质量,因而它被称为上帝粒子。有神秘的、看不见的“暗物质”(dark matter)存在的迹象吗？物理学家和天文学家认为“暗物质”应该遍布星系之中。探测器记录了某一隐藏维度的明确信号吗？弦论(string theory)认为我们生存的空间之外还有六个或七个额外维度。任何一项这样的发现都标志着我们在朝着认识自然的方向又迈进了一大步，它们都属于建造 LHC 要实现的目标。

LHC 内部质子对撞所释放出来的高度致密的巨大能量把科学带到一个未开发的新水平，一个自从大爆炸之后几分之一秒以后人类从未在宇宙中见过的高能范围。这样，LHC 正带着我们回到几十亿年前的物理环境，即宇宙刚刚诞生之初盛行的物理环境。感谢 LHC，物理学此前从未像我们现在这样深入地观察宇宙；揭示其结构，过去和现在；窥其未来；甚至破译它的意义。

在瑞士和法国境内的巨大的地下环形隧道中，万亿个质子的对撞将能量转化成其他粒子的质量，这些粒子从对撞中射出并且以极高速度沿各个方向飞出。这一过程之所以能够发生是因为爱因斯坦著名的质能方程 $E=mc^2$，该方程表明质量和能量仅是同一个事物的不同表现形式。爱因斯坦的令人难以置信的强大公式使所有粒子加速器的研究成为可能。[3] 下面进一步说明这个理论。

粒子被加速到极高速度，然后和迎面而来的粒子发生碰撞。能量从这些对撞中释放出来，满足爱因斯坦的公式。这个释放出来的能量随后转化成其他快速飞行的粒子。[4] 因此，基于粒子对撞所释放的能量，质量被创造了出来。这个新质量，由纯能量生成的质量，能形成类似于宇宙寿命仅为几分之一秒时存在的粒子。研究它们的行为对我们理解目前已知的力和粒子来讲，起着至关重要的作用。

正因如此，才需要 LHC 重新产生那些人类从未观察过的粒子和自然现象。它还把我们带回到遥远的过去，彼时宇宙十分致密且充满炽热的粒子“汤”，一种叫做夸克—胶子等离子体(quark-gluon plasma)的物质。粒子对撞还是一个巨型显微镜：它能向我们展示时空的内部运作机制。

LHC 由 CERN 的科学家设计和建造,历时二十载,开支巨大,截至今日所花经费已经超过 100 亿美元。CERN 的科学家们怀有一个坚定的信念:揭示宇宙的终极定律。发现这些定律和观测到久违的粒子、力和相互作用需要付出史无前例的巨大努力。这样大的努力只能通过密切的国际合作来实现,包括许多研究所、许多国家以及多个科学领域。LHC 项目是史上最先进的科学合作项目。

这台机器如何工作呢?在 LHC 实验上,首先通过电离氢气得到两束质子束流,然后束流沿相反方向飞行,速度不断增加。这台机器之所以叫做“大型强子对撞机”,是因为质子是强子。强子(hadron,源于希腊语的单词“thick”)是一个由夸克构成的粒子。质子由三个夸克构成,所以属于强子的一类亚种,即重子(baryon)。由两个夸克构成的强子叫做介子(meson)。由氢气电离得来的质子被 CERN 的一系列小型加速器逐渐加速,直到它们达到可以被射入到 LHC 的速度。在 LHC 里,每当质子经过置于隧道中的强有力的射频器件时,它们都被“踢”得更快。大型超导电磁体几乎被冷却至绝对零度以使它们的电阻为零,从而流过它们的电流能尽可能最大。大型超导电磁体弯曲质子的路径以使它们沿着地下的环形轨道飞行,聚焦束流并且维持束流沿相反方向飞行。

LHC 用了 9593 个超导电磁体:有 1232 个主磁体用来弯曲质子的径迹,以使它们沿着地下的环形管道飞行;392 个磁体用来聚焦环形隧道内的质子束流;6400 个校正磁体用来微调质子路径以使它们在精确到几分之一毫米(比人的一根头发丝还要小很多)的位置处相撞。另外的一些磁体,部分被置于主磁体内部,执行相关任务。

当以其最大能量水平运转时,LHC 持续加速质子,直到它们达到近乎难以想象的速度——光速的 99.9999991%。在这种情况下,LHC 的对撞能量是 14 TeV。1 TeV 大致等于一只蚊子的飞行能量,这看起来是一个很微不足道的能量——但是这个能量是高度集中的:LHC 在一对质子的体积内产生14倍于这个能量的高能量。这意味着这个能量被束缚在比一只蚊子小一万亿倍的空间里。[5] 这是有史以来人类得到的单位体积内的最高能量。[6] 在这一极高的能量领域,新粒子和现象有可能出现。而在此之前这些新粒子和现象仅存在于物理学家的想象之中。

## 探索自然

一段时间以来,在试图以一种最基本的形式理解大自然的过程中,我们已经遇到了阻碍。在探索自然最深谜题的答案的方面,我们已经到达了一个高地,因为我们的实验室——粒子加速器和其他研究微观粒子的实验设备——在产生新粒子方面收效甚微。特别是,完成和确认粒子物理学标准模型(20世纪最可信赖的理论,它的许多预言被实验精确检验)合理性所需的最后粒子迄今仍未找到。这一标准模型丢失的元素被称为希格斯粒子,也就是著名的上帝粒子,因为它被认为赋予所有粒子质量。物理学家相信他们已经快要找到它了,并且有明显的实验迹象表明它确实存在,但是迄今为止,希格斯粒子从我们为发现它所付出的大量努力中逃脱了。[7]

标准模型包含"物质"粒子,即费米子[fermion,为了纪念费米(Enrico Fermi)]:电子(electron);组成质子和中子(neutron)的夸克——质子和中子组成原子核;以及其他基本粒子。此外,还有"携力"粒子,即玻色子[boson,为纪念玻色(Satyendra Nath Bose)],它负责大自然力的工作:引力、电磁力、弱核力和强核力。标准模型解释了四种力中的三种力,三种力都是通过玻色子作用在物质粒子上的。这个模型不包括引力。

标准模型是20世纪发展并完成的一个理论,它是有史以来最成功的科学理论之一。它的基础是量子理论(quantum theory)、场(field)的概念和爱因斯坦的狭义相对论(special theory of relativity)——现代物理学的三大支柱。但是,物理学家尚未发现将第四个支柱(爱因斯坦的广义相对论——引力的现代理论,把牛顿力学拓展到高速和强引力情况的理论)并入标准模型的方法。攻克这一难题是科学家的终极梦想之一。

虽然标准模型在解释粒子和力的行为方面所获得的成功令人振奋,但是理论本身的证明还缺少最后一个必需证据——实验上寻找到希格斯玻色子。希格斯粒子正是 LHC 所要找的,是 20 世纪 60 年代理论研究的成果,它使人们认识到存在一个希格斯机制。通过这个机制有质量的粒子获得了自身的质量。这个机制被认为,在大爆炸发生后的极早期,通过一个不可见的叫做希格斯玻色子的粒子展现它的魔力。LHC 通过重新产生早期宇宙中盛行的高密度和高温度的环境,寻找希格斯玻色子。如果希格斯粒子被找到,这个发现将为标准模型的合理性提供最终证据,并且将是一个极其重要的科学结果。

尽管如此,我们还从各种迹象中得知存在超出标准模型的物理,例如自然界所有的力在极高能量时(大爆炸发生后的极短时间时)理应统一,但是在标准模型理论中它们并非如此。现代粒子物理学,包括标准模型,是建立在一个关于对称性的强大的数学思想上的,就像我们随后会看到的细节那样。但是,期待的新物理学可能依赖于一个更大些的理论,将对称性思想延拓到一种叫做超对称[一个强有力的更大的对称性,它包括物质粒子(费米子)和携力粒子(玻色子)之间的对称性]的理论。迄今为止,人们只瞥见了有关超对称粒子行为的间接迹象,大自然中属于这个先进数学理论的粒子有待被发现。

一个超对称粒子的发现,就科学贡献而言,可以堪比希格斯粒子的发现;一些人甚至认为这比希格斯粒子具有更重要的意义。人们相信大型强子对撞机有能力产生允许理论上预言的粒子出现的物理环境。而且,在物理上,发现这样一个“超伴子”(superpartner)将有希望解释物理学和天文学中存在已久的最神秘的难题之一:怪异“暗物质”的存在之谜。科学家在 20 世纪 30 年代首次将暗物质纳入到理论中,认为它弥漫在宇宙所有星系之间。

同样地,还有可能发现额外维度。理论上认为,自然在我们熟知的三维空间和一维时间之外还隐藏了其他维度,这些隐藏维度也在等待实验发现。弦论的观点认为,基本粒子是微小振动的弦。它断定自然一定有十维或十一维。弦论学家希望 LHC 的实验能导致至少一个时空之外的额外维度的发现。这会构成科学的又一个主要进步,意味着宇宙的结构远比我们目前所理解的要复杂。

关于自然,我们有许多未解决的重大问题,我们渴望解答它们。从最基本的层面来说,物质由什么构成?是什么赋予了物质质量?作用在物质上的力的本质是什么,它们之间的关系如何?为什么某些力很弱,另一些却很强?这些力只是一种更大的统一力(叫做“超级力”,其他的力由此演化而来)的表现吗?弥漫在宇宙中的暗物质是什么?物质和反物质之间的关系是什么?空间中真的有隐藏维度吗?

为了找到这些问题的答案,我们必须去往我们从未到过的地方。这个地方就是大爆炸刚刚发生时的创生熔炉内部,那里自然界的相互作用显示出它们的威力,那里最基本的粒子不断产生和湮灭,那里我们能看到原始的力、场和在宇宙演化过程中扮演重要角色并最终消失的粒子。为了解决这些问题,我们需要重新产生这样的极端环境,也就是自然的力和粒子曾经创生的环境。

现代物理学是我们对现实所有已有理解的基础,给出了我们置身其中的宇宙的结构,并且试图去理解它的定律、离奇现象、粒子和力。另外,大自然还有一个神奇而且深刻的联系:在微观粒子(比我们肉眼所能看到的要小得多的物体)世界所发生的事情,对作为一个整体的广袤宇宙上发生的事情至关重要。当我采访诺贝尔物理学奖获得者杰罗姆·弗里德曼(Jerome Friedman)时[8],问他如何看待 LHC 的重大实验和它的前景,他向我解释说:“粒子的相互作用决定宇宙的演化。”

这些介于粒子之间的相互作用以多种形式影响作为一个整体的宇宙。如它表现的那样,物质粒子的一个微小反常行为(相比于反粒子的行为而言)能解释为什么宇宙会存在,而不是诞生之初就湮灭掉了。而且,粒子和场的相互作用(例如电磁场,小时候曾经玩过磁铁与铁屑游戏的人都很熟悉)解释为什么大爆炸之后宇宙会膨胀,以及如何演化。地球、太阳、行星、外太空以及遥远恒星和星系的秘密都能追溯到大自然的最小粒子和掌控它们行为的力的奥秘。

我们已经知道了掌控最小粒子行为的四种力,它们是引力、电磁力、弱核力以及强核力。但是,科学家想理解这些力的功能,还想知道为什么它们的强度差别这么大。例如,他们想理解为什么引力相比于其他力是这么的弱。当你试图提起一个重物时,或者向高处跳时,你从来不会认为引力很弱。我们日常生活中的事例让我们觉得引力很强,有时强得令我们不舒服。但是引力和另一个我们生活中熟悉的电磁力相比就非常弱。例如,当我们在干燥而毛茸茸的地毯上走动后,我们身上就带有了静电,然后触摸金属的门把手,就会发生放电现象,这个现象中涉及的力就是电磁力。又如,电磁力还造成电动机的运转,指南针指向北方,以及广播和手机通讯,还有雷达的应用。

为了清楚地看到引力远弱于电磁力,你可以做一个简单的实验。将一个回形针放到凳子上,拿一个条形磁铁在它正上方缓缓靠近它。当你靠得足够近的时候,回形针会跳到空中吸到磁铁上。这表明一个很小的电磁力的源,你手中的条形磁铁,就能克服整个地球施加于回形针上的引力。这个实验向你演示了引力和电磁力相比是多么的弱。物理学家想知道这是为什么。一些人曾假设引力的强度是被稀释了的,因为引力扩展到空间的一些隐藏维度中去了,而这些维度我们不能看到。LHC 也将在这一问题上为我们指引方向。

条形磁铁战胜整个地球的范例(本质是电磁力远远强于引力)也能用来解释为什么 LHC 能工作。回形针别无选择:它被磁铁瞬间拉起。这同样发生在被 LHC 加速的质子身上。质子带正电荷,扮演那个回形针的角色:它们不能抵抗 LHC 的巨型磁体和射频器件施加在它们身上的电磁力。磁体被安置在周长为 26.659 千米的 LHC 隧道内,持续地弯曲且聚焦质子束流,而且射频器件的电磁场使质子沿地下环形轨道飞行的速度越来越快。引力向下拉质子,但是由于它相比于电磁力是如此之弱,以至于它作用在质子身上的引力效应完全可以忽略。

当质子与反方向飞行的质子最终发生对撞时,它们释放所有能量,因此能再现宇宙大爆炸之初瞬间存在的极端环境。大爆炸刚刚发生之后,宇宙的温度极高。物质和反物质的粒子不断地产生和湮灭。我们知道当反物质遇到物质时,两者会相互湮灭。所以,如果在大爆炸时,物质和反物质被等量创造,就像科学家认为发生的那样,我们怎么会存在呢?大爆炸发生之后,过了很短时间,由于某种我们所不知道的原因,物质战胜了反物质,造成我们所熟知的物质的存在,包括恒星、行星和生命。LHC 上某些专门的实验(由 LHCb 探测器执行的实验)旨在解决这一神秘问题。其他的实验,即由 ALICE 探测器主导的实验,旨在理解粒子“原始汤”的自然属性。“原始汤”是我们宇宙大爆炸发生后几分之一秒时的现象。[9]

这些有关粒子和力的问题以及所有物质的本质和起源的问题是当今物理学中最重要的问题——它们是关乎我们存在的基本问题,比如我们来自何方、由什么组成和将到哪儿去。为了验证科学家针对这些问题所给出的答案,CERN 在 1954 年成立了;在过去的 20 年里,它的许多努力都聚焦在制造终极粒子加速器——LHC。这就是为什么 LHC 对科学而言如此重要,值得花费数十亿美元的投资,以及数千名具有献身精神的科学家付出如此多的时间和努力的原因。这些科学家有的在 CERN 工作,有的工作在与 CERN 有合作关系的世界各地的研究所。

但是,为什么我们需要一个粒子加速器来寻找这些问题的答案呢?为什么不是某些其他精密的实验设备呢?原因就是,为了发现自然界的隐藏粒子,我们需要集中能量以使这些能量转化成新的物质。用麻省理工学院诺贝尔物理学奖获得者维尔泽克(Fank Wilczek)的话来说就是:“在深度量子世界里,要想看到某些东西,你必须先产生它。”[10]又如另一位诺贝尔物理学奖获得者南部阳一郎所说的那样:“为了发现新粒子或者研究不知道的相互作用,更高更高的能量是完全必须的。‘能量等同于质量’的关系限制了在给定能量下能被产生的粒子的质量;所以如果我们利用给定的加速器已经看到了所有的反应,那么我们可以说这个加速器已经完成了它的基本使命。然后我们需要下一个更高能量的加速器——以此类推。”[11]

由于LHC之前的加速器全部已经完成了它们的基本使命,并且已经产生和揭示了它们能量水平内的所有粒子,所以LHC将是科学领域的下一个大的进步。在许多方面,LHC上高度期待的实验是所有现代物理的焦点——集过去几个世纪所发展的理论、所有先前的实验以及我们对大自然的共同想象于一体。它也是理论和实验以前所未有的方式相结合的极佳平台。

LHC能产生有关质子对撞的海量数据。这些数据由一个被称为“格子”的最先进的计算系统分析,这一系统是一个连接了安置于35个国家的数千台计算机的网络体系。如此先进的CERN是计算创新的最佳之地。之所以这样说的一个根据就是影响我们日常生活的最重要的发明之一就发生在这里。在1989年,万维网被一位CERN的科学家发明,伯纳斯-李(Tim Berners-Lee),他当时正在寻找一种联系科学家并且允许他们共享研究结果的最有效方式。他如此成功地完成了这一任务,于是他设计的计算机通信系统已经成为古往今来最伟大的发明之一。

获得对物理学和宇宙学的深刻认识是科学本身的重要目标,不过,潜在的发现可能会对日常生活有意想不到的应用。如同万维网的例子那样,一个理念和它所导致的技术革新(比如CERN的科学设备上发生的那样)能对全世界的技术和经济产生巨大的影响。举个例子,如果我们不理解支配无线电波的物理学定律,电台广播、电视、飞机着陆的功能、手机通讯以及互联网都将变得不可能。此外,新技术,比如计算机断层扫描仪(CT)和正电子成像术(PET)扫描仪(这些都是现代医学必不可少的仪器)都是由粒子加速器科学所创造的,粒子加速器的主要进步正是在 CERN 实现的。医学还应用加速器来杀死肿瘤细胞，并且 LHC 的运转可能教会我们应用这一技术的更多知识：如何聚焦粒子束流以使它们达到杀死癌细胞而不伤害健康组织的精度。正因如此，CERN 所追求的以及世界上类似的高能实验室所追求的关于新知识的研究有超越我们当下科学期望的价值。

当控制高能质子束流——破纪录的高能量质子束流——的技术被发现在日常生活中有其他应用时，我们可以想象伟大的新技术在这里的完美诞生。例如，彩色 CT 扫描仪（Medipix All Resolution System，缩写为 MARS）最近由新西兰坎特伯雷大学的研究者发明。这是基于 CERN 首创技术的下一代 CT 扫描仪。这一新扫描仪是一个革命的新型的“彩色 X 射线仪器”。将它应用于肿瘤的早期检查，预计将挽救众多生命。这一发明是由纯科学所主导的粒子物理研究的许多副产品之一。

## 对黑洞的恐惧

CERN 是一个由多国科学家所构成的组织，他们为了追求知识而相互协作。科学家需要为他们的信念而奋斗，竭力争取政府对这一精密且耗费不菲的科学项目的支持。项目的进程受到了公众担忧的阻碍，他们害怕当对撞机以其最高能量 14 TeV（这是先前加速器所达到最高能量的 7 倍，比如伊利诺伊州的费米实验室的 Tevatron，能够产生低于 2 TeV 的能量）运行一段时间之后，可能会产生黑洞。一些人害怕这个怪物会长大并吞没地球。根据日内瓦报纸《时间》（*Le Temps*）的报道，YouTube 网站上一个关于黑洞的视频已被观看超过 100 万次。该视频描绘了一个小黑洞逐渐变大并最终吞没整个地球的画面。[12]

即便不太担心黑洞威胁的人也意识到了它在公众心理方面的敏感性。在 CERN 的大西洋彼岸，麻省理工学院的学生们为了调侃公众对黑洞的担心，煞费苦心地设计了一个有名的恶作剧。在 2009 年末的某一天晚上，他们偷偷潜入到研究所的一个大厅里，在穹顶的天花板上悬挂了一个塑料飞船，飞船侧面绘有 CERN 字样，飞船已经被挤压变形，像是要旋转着飞入悬挂在穹烦中央的一个黑色物体一样。

在 2009 年波士顿举办的物理学会议上，牛津大学物理学家巴尔（Alan Barr）做了一个关于暗物质的非常专业的报告。报告的首页幻灯片显示的是英国《太阳报》（*The Sun*）2008 年 9 月 10 日——LHC 开始以较低能量首次测试的那一天——的封面。他说："对于那些不了解英国的人，这就是在英国如何向公众介绍 LHC 的。"[13] 标题醒目地写着 LHC 可能会产生足以吞没地球的黑洞，后面接着写道："但是不要惊慌，仍然有足够的时间尝试《爱经》（*Kama Sutra*）中的各种姿势。"[14]

CERN 会产生黑洞吗？还有，它会吞噬地球吗？撇开幽默，科学家已经小心地考虑了这种可能性。著名的英国理论物理学家霍金（Stephen Hawking）推测微型黑洞会在 CERN 出现，但是会很快蒸发掉。这一现象能很好地证实霍金关于黑洞蒸发（恒星质量大小的黑洞寿命极长，但是微型黑洞仅仅存活几分之一秒）的著名机制，该机制被命名为"霍金辐射"（Hawking radiation）。这一现象一旦被证实，足以让霍金获得诺贝尔奖。另外，许多顶级物理学家确实相信微型黑洞能由机器产生，但是 CERN 和其他地方的科学家很快就向我们证明了它能存活的概率微乎其微。[15] 当然，没人会说这种概率为零。任何人都确实赞同：利用 LHC 所产生的能量，我们正在进入完全未知的领域，并且一旦加速器被持续运行几年时间，不可能准确预言会发生什么事情。

当然，更多的物理学家对令人兴奋的新物理和潜在的关于宇宙本质的伟大发现非常感兴趣。其中，微型且迅速蒸发的黑洞就是这些兴趣的一部分。这些新物理和伟大发现都将由 LHC 的工作所开拓。在 2008 年 9 月 10 日，在忽略可能吞没地球的黑洞的恐惧的情况下，作为质子最终对撞的准备工作，CERN 开始了 LHC 的低能测试。质子被加速长达 20 分钟，测试非常成功，速度超过光速的 99%，不过仍然低于对撞的最大能量。全世界新闻机构的代表们受邀参加这一壮举，CERN 控制中心容纳了 300 多人，十分拥挤。那时，奇里利（Manuela Cirilli）

正在做 CERN 的媒体公关。她是一位有魅力的女性，长着一双闪闪发光的棕色眼睛和乌黑的头发，拥有久负盛名的比萨高等师范学校的粒子物理博士学位，从 2001 年起开始在 ATLAS 实验组工作。她告诉我那天发生了什么。

“对于如此庞大的科学实验而言，这真的非常平静，”她说，“但是我耳机里充满了嘈杂与激动。”媒体人正在做网络直播；人们不断地移动位置，对着麦克风讲话；新闻记者拿着他们的设备跑来跑去。不过，科学家们看上去未受影响——就像是漫不经心的旁观者。奇里利看得比这些表象更深刻。她略显沮丧地看着这些科学家，或许是羡慕他们的伟大时刻，那个准备和期待许多年即将到来的时刻。由于转行做媒体公关，她错过了在物理方面的工作。她注意到，当媒体记者们疯狂地争抢好的采访位置时，她的同事——负责控制大型机器的科学家——却表现得比较平静。“很安静，就像正常的操作，每个人都准确地知道自己要做什么。”她说。[16]然而，作为一名科学家，她明白，虽然物理学家看上去正在如此安详地做着自己的事，但是他们充分意识到了担在他们肩上的巨大责任。

负责控制 LHC 的是雷达埃利。“头天晚上，”他坦诚地对我说，“我没睡好。我太兴奋了。”[17]不过，那天，当他来到 CERN 开始工作的时候，这位年轻的物理学家很放松，准备很充分。他渴望以创纪录的能量点火对撞机。奇里利进一步回忆说：“我观察了埃文斯，他确实显得很平静，但是你能看出和感受到他的紧张。在束流成功地流入环形轨道之后，我看到了这种紧张的释放，这真是太棒了。”那一天非常成功，“甚至比我们想象的还要成功！”奇里利大声说道。[18]

9 天后，CERN 的科学家迎来了机器的更大考验，运转能量达到了 5 TeV，一个非常高的能量。之后，在没有任何征兆的情况下，对撞机坏了。故障是由一个连接两个大型超导磁体的铜焊点造成的，磁体熄火了（意味着丧失了它的超导能力，脱离了超导态），并且它的液态氦泄露了出来；由它引起的连锁反应就是，另外 53 个超导磁体也被摧毁。

即使系统一个很小的部件发生故障，磁体的超导性能都会被破坏，并且一旦发生这种事故，磁体线圈中很粗的金属电缆就会产生电阻。电阻增大导致温度升高。温度持续增加，并造成电缆导电性持续下降，彼此形成循环反应，直到磁体被摧毁。这甚至能导致火灾。

事情就是这样发生的。当电阻增加时，突然一个火花飞入隧道，造成一个电弧，电弧在磁体钢制外层上烧出一个洞。然后极冷的液态氦泄露到 LHC 隧道中，产生了多米诺效应，造成其他大型磁体的毁坏。所有这一切发生在不到一分钟之内，而且造成了彻底的破坏。

罪魁祸首就是一个简单的焊点，它变得如此虚弱以至于不能承受流过它的高电流。没人能预料到这番情况。LHC 的建造无经验可寻——对于一个如此大能量的对撞机，绝无样板可供参考，因此科学家们不得不在建造的过程当中不断熟悉他们所制造的新机器的各种性能和能力。该事故的结果就是，所有 LHC 的焊点都必须重新焊接并且重新检查。机器相关部件的修复和重建工作需要花费数月才能完成。汲取这次的经验教训，科学家们认识到 CERN 需要设计一个保护磁体的新系统，它被命名为“熄火保护系统”（QPS），这是一个复杂的电子系统。它持续监测磁体以保证它们的温度不上升，并且维持超导性的稳定。它同时还监测整个对撞机的两万三千个高电流接头，以保证它们正常工作。[19]

很不幸，为了庆祝 LHC 的启动，一场大型的庆祝活动已经被安排好了。欧洲各国的首脑和来自世界各国的政要受邀参加此次“LHC 庆典”。但是因为对撞机已坏，并且在可预见的未来都无法工作，所以法国总统取消了他的访问，派遣了一位较低级别的官员来参加。另外，意大利政府仅仅决定委派一位驻国际组织日内瓦总部的大使到 CERN 参加活动。于 CERN 而言，这是一个公众公关的灾难。这就是当 2010 年 2 月底重启运转时，没有邀请新闻记者的原因。

在建造对撞机的过程中，这次事故是一次具有创伤性的事件。它使 CERN 的科学家更加谨慎地检测人类所创造的巨型机器的各种极限。他们不得不学习如何更好地操作 LHC,就像某些人在没有老师指导的情况下学习如何驾驶好一辆小轿车一样,因为这台机器之前从来没有被“驾驶”过,并且它的性能的极限也不得而知。此外,落实熄火保护系统花费了很长时间。在事故之后的一年里,工作进展十分缓慢。

事实上,进展如此缓慢,以至于频繁的推迟以及事故带来的挫折致使全世界科学机构都很失望:各地科学家都失掉了耐心,他们曾经期待 LHC 带来奇迹。《纽约时报》(*New York Times*)甚至由科学编辑欧沃贝(Dennis Overbye)发布一篇文章,文章报道了两位物理学家的奇怪理论:“假想的希格斯玻色子,那个科学家期望对撞机能产生的粒子,或许非常厌恶大自然,以至于它一被产生之后就跨越时空穿越回去,在对撞机还未产生它时终止了对撞机,就像一个时间穿越者返回到过去杀死了他的爷爷。”[20]

长时间的等待以及 CERN 让 LHC 项目步入正轨所遇到的问题令所有物理学家都感到挫败。例如,当命运多舛的 LHC 恢复正常运转几个月之前,物理学家召开了一个高水平的物理学会议。会上,一位来自加利福尼亚的粒子物理学家古尼昂(Jack Gunion)说道:“为了等待希格斯粒子,我们都快要疯了!”[21]

后来,似乎一夜之间,对撞机让每个人都吃惊了,它成功返回到了人们的生活中。它已从 2008 年 9 月的崩溃中完全恢复了,没有被毁灭地球的恐惧所吓倒,用事实证明没有听到来自未来的声音。这台机器重新开始了工作,咆哮地运转着。每隔几天,CERN 就会创造一个新的世界纪录:速度纪录、加速器中粒子能量的纪录以及打破 LHC 自己先前所创造的纪录。

2009 年 11 月 30 日,中午 12:44,在雷达埃利的操纵下,埃文斯身后的某个地方,LHC 打破了若干年前费米实验室所创造的粒子对撞能量的世界纪录,被加速的两束质子的总能量高达 2.36 TeV。两周后,质子以这一能量水平对撞。昂贵的香槟酒在 CERN 的控制中心砰砰开启,每个人都在欢庆。“这是不是史上最伟大的机器?”大家高兴且激动地问着彼此。[22]后来,就在那一天,CERN 的各个科学实验组——CMS、ATLAS、ALICE 和 LHCb——纷纷派遣实验组成员到 CERN 控制中心与大家举杯同庆,庆祝四个实验组所打破的粒子对撞能量的世界纪录。庆祝场面十分热烈。

“这太令人激动了!”雷达埃利回忆说,那时他已十分疲惫,熬了整整一天一夜。“这完全是集体努力的结果,”他说,“每个人都作出了贡献。”[23]2009 年 12 月 16 日,随着 2009 年即将落下帷幕,CERN 向它全世界的数千个推特好友发布了一条非凡的推文:“LHC 的首次运转在成功地获得一系列‘首次’之后,即将在欧洲中部时间今天 18:03 停止运行。明年再见。”[24]

## 第二章

# LHC和人类认识宇宙结构的长期探索

早在古希腊时代，人们就已经开始对他们置身其中的宇宙惊叹不已了。带着洞悉万物的强烈愿望，他们开始了对物质结构的早期探索。在公元前5世纪，古希腊哲学家德谟克利特（Democritus）所提出的“物质是由不可见的微粒构成”的理论，和我们所知的现代科学的观点不谋而合。与之处于同一时代的埃及数学家埃拉托色尼（Eratosthenes）则设计了一个巧妙的方法，通过从已知距离的两地对太阳角度进行测量，将地球的周长估算到了一个惊人的准确度——非常接近于今天所知的约40 000千米。这种从微观与宏观层面并行的探索，贯穿了整个人类历史。

“物理学之父”伽利略（Galileo）或许真如传说中那样用把物体从比萨斜塔上丢下的方式来研究小物体和它们的轨迹。同时，他也是第一个将望远镜对准天空的人。1609—1610年，他发现了木星最大的四颗卫星——后来被命名为“伽利略卫星”。

吉多·托内利是一位从比萨（也就是伽利略进行他那个著名实验的地方）来的学者。他告诉我说当他在做有关CMS合作组所测量的粒子相互作用的计算时，他感到他的心和那些伟大的科学家紧紧联系在了一起。“我意识到我所用的方法，正是伽利略四个世纪前所用的方法，他将对时间的测量和物体从斜坡上滚下来的高度联系了起来，”他说道，“而我正是用了同样的思想，将对粒子能量的测量和时间联系起来。”[1] 随后吉多解释了伽利略怎样在实验中利用滴漏来计量时间这个关键变量。400 年间，技术发生了千变万化，而人类的智慧却是不变的。

与伽利略处于同时代的开普勒(Johannes Kepler)在第谷(Tycho Brahe)的观测基础上推算出了行星运动定律，这加深了我们对太阳系运行规律的认识。在伽利略逝世的一年后，也就是 1643 年，牛顿(Isaac Newton)诞生了。他研究了地球上的重力是如何作用的，并将他的引力理论延伸到更广阔的宇宙中，解释了开普勒三定律。牛顿用他从地球上的落体推导出的引力理论，推断出正是引力的作用使得月球不断地“落向”地球，也就是说，永远受到地球引力的吸引而围绕着我们旋转。在伽利略工作的基础上，牛顿用神秘的引力在宇宙中的大和小之间建立起了重要的联系。

斯穆特(George Smoot)由于在宇宙学方面的突出贡献而获得了 2006 年的诺贝尔物理学奖，用他的话来说，“从某种意义上，物理学和天文学在伽利略的天才下得到了统一。直到 20 世纪宇宙学和量子物理学开始融合之前，这是两门物理科学的最伟大的结合。”[2]

如今我们认识到，在探索知识的道路上，科学其实是一体的，不论是宏观的还是微观的。粒子物理学和宇宙学开始有了共同的研究领域，而且这种联系会越来越紧密。对基本粒子的研究有助于我们理解早期的宇宙，同时宇宙学家和天体物理学家从广袤的宇宙中所了解到的，也启发我们思考微观粒子是如何构成宇宙万物的。

为了理解 LHC 上进展的科学研究所依赖的现代物理学的基础，我们最好先来仔细看一下现有理论是如何解释自然的。

## 相对论和量子力学

牛顿的经典力学对于通常的宏观物体的行为描述得非常好。但是当进入到原子及更小的层面时，情况就彻底不同了：我们从日常生活中获得的经验不再适用。同样，当物体的速度接近光速，或者质量变得极其大时，旧的物理学定律就不再起作用了。在这些领域，时间不再像我们想的那样：它可以变慢，空间也可以弯曲，物质可以伸缩。

1900—1930 年，两个革命性的进展给物理学带来了不可思议的变化：其一是由 1900 年普朗克（Max Planck）的研究而引发，并由随后 30 年间一大群卓越的年轻物理学家发展起来的量子力学（quantum mechanics）；另一个则是 1905 年的狭义相对论（special theory of relativity）和 1915 年的广义相对论（general theory of relativity），这要归功于一个人的成就，他就是爱因斯坦（Albert Einstein）。1905 年，整个物理学界都被**四篇**文章震惊了，这四篇文章全部出自一个不出名的 26 岁的年轻人之手，其中的每一篇都改变了我们对物理学的认知。其中一篇关于光电效应的文章，指出光可以看作由粒子组成（这篇文章也是他唯一一篇获得诺贝尔奖的文章）。第二篇文章是关于分子运动的，在证明原子存在的问题上规划出了重大进展的轮廓。在第三篇文章中，爱因斯坦提出了他的狭义相对论，指出时间并不像我们千百年来想象的那样是个常量，而是在非常高的速度（接近光速）下会变慢，长度在如此高的速度下也会缩短，同时指出光速是宇宙中的最大速度。[3]

在第四篇文章中，爱因斯坦总结了狭义相对论的推论，给出了能量和质量的关系式，也就是他著名的质能方程：$E=mc^2$。这个结果打开了物理学新世界的大门。正如爱因斯坦在纪录片《原子物理学》（*Atomic Physics*）中接受采访时所谈到的，“从狭义相对论可以得出，质量和能量是同一事物的不同表现。”[4]在 CERN 和其他粒子加速器实验室的科学家们所做的工作都是基于爱因斯坦那威力无比的方程。

那些在LHC或者其他粒子加速器发生对撞的粒子有两种能量，其中一种就是静能（rest energy），即粒子在没有运动的时候也具有的能量。举例来说，电子的静能完全取决于它的质量，是0.511兆电子伏（MeV），或者说50万电子伏。这是储存在电子内部的“天然”能量，而非由于运动带来的能量。它是一种我们只有通过毁掉这个静止的电子才能取出、由全部质量转化来的能量。

当我们加速一个粒子或者粒子在天然状态下运动，正如电子通常所做的那样，它看起来会产生**第二种**能量。这是一种由运动带来的能量，叫做**动能**（kinetic energy）。在加速器中湮灭的电子的全部能量来源于两部分：静能和动能（虽然不是直接相加而是用一个更复杂一点的公式将两种能量合在一起）。[5]接下来就是这个能量—质量游戏中最激动人心的地方了。在LHC中，也就是质子对撞和碎裂的地方，相当大的能量释放了出来。根据爱因斯坦的著名方程，能量正比于质量。因此由质子对撞而产生的能量可以用于其他各种粒子的形成！

但是会产生哪些粒子呢？理论上来说，可以是任何粒子，只要总能量等于对撞产生的能量——这个概念被称作**能量守恒**（conservation of energy）：能量—质量作为一个总体不能凭空产生或消失，因此一个过程开始时有多少能量，结束时就有多少能量。能量—质量只能从一种形式转化到另一种形式：一部分能量可以转化为质量，一部分质量也可以转化为能量，但是能量—质量总体保持守恒。（一些其他的守恒定律，例如电荷守恒，也是对撞机中的反应必须遵守的。）按照能量守恒的观点来考虑，一个电子的静能是0.511兆电子伏，而LHC中质子（每个质子都以99.9999991%光速飞行）对撞的总能量是14太电子伏（TeV，即万亿电子伏），这是一份大得多的能量——有原先的好几百万倍了，因此当然有很多电子产生。但由于LHC对撞机中释放的能量非常高，许多比电子重得多的粒子也能产生，这也正是LHC建造的原因——产生、发现我们从没见过的新粒子。只要它们的总能量在TeV量级，这种事情就会不断发生。这对于希格斯玻色子以及一些超对称粒子和其他甚至我们从未想象到的粒子也应该适用。

1900年,德国物理学家普朗克在研究黑体辐射的过程中推断,能量只能以离散的"小包"存在,普朗克称其为**量子**(quanta)。这个发现开启了量子力学领域——一个研究微观粒子的物理学领域。此后五年,爱因斯坦关于光电效应的论文,解释了光量子是如何与物质发生相互作用的。他的观点迈出了波粒二象性(particle-wave duality)理论的第一步,因为他指出光——虽然在当时被认为是波——也拥有一些粒子的性质。后来,法国贵族德布罗意(Louis de Broglie)更进一步发展了波粒二象性理论,宣称所有的微粒(一些可能不那么小,我们后面将会看到)都既有波动的性质——比如衍射(diffraction)和干涉(interference),也有粒子的性质。

最终,我们今天关于原子的模型都是建立在量子理论(quantum theory)的基础上的。根据这些法则,包括海森伯(Werner Heisenberg)著名的不确定性原理(uncertainty principle),微观粒子并不具有可精确知道的位置、速度和其他参量,只有关于这些的概率。以电子为例,在它们绕原子核运动的过程中并不具有能被很好定义的在某一时刻的位置,这和行星围绕太阳的运动不同。

量子理论被提出的一部分原因是由于原子的类太阳系模型遇到了难解之谜:为什么电子不落进原子核中,并与它合为一体呢?显然,异种电荷是相互吸引的,因此一定有什么原因阻止带负电的电子跌进带正电的原子核中。丹麦物理学家、量子物理学先驱玻尔(Niels Bohr)提供了对这个问题的解释。他在新兴的量子力学原理的基础上建立了比以前更精细的原子模型。

1913年,玻尔根据普朗克早期关于量子的发现提出了一个模型。玻尔的假说是:原子核外的电子只能在某些特定的能量对应的轨道上运行。根据玻尔的理论,原子核外的电子只能在特定半径(也就对应着特定能量)上,而且只能跃迁到其他特定的能级上——而不是我们随意选择的轨道。只有量子化的能量才是允许的。

当他的原子模型得到科学团体的广泛称颂以后，玻尔成为了一位杰出的物理学家，后来哥本哈根的卡尔森酿酒公司赞助建造了一个以他的名字命名的理论物理学研究所。丹麦王室也投入巨资发展物理学。除了支付玻尔研究所的薪水，它也支持来自世界各地的访问物理学家。这些科学家包括量子理论的其他先驱，如奥地利物理学家薛定谔(Erwin Schrödinger)和泡利(Wolfgang Pauli)，德国物理学家海森伯，英国物理学家狄拉克(Paul A. M. Dirac)，以及许多其他人。通过这些富有思想的工作，量子物理学的发展远远超出了早期普朗克和玻尔所引领的开端。

旧物理学的打破在另一个方向同样进行着。1915 年 11 月，爱因斯坦完成了他最伟大的创造——广义相对论，并在 1916 年发表。这是爱因斯坦一生工作中的最高荣耀。他将狭义相对论加入了牛顿力学中，形成了一套综合的引力理论，并在广泛的领域中做出了预言。它使爱因斯坦能够在更多情形下解释引力的行为：比如当速度接近光速或者质量非常大的物体。事实上，甚至连水星，也就是那个最接近太阳的行星的运动，都依赖于广义相对论。由于水星太过接近大质量的太阳，因而牛顿定律在解释一些反常的轨迹时失效了。广义相对论同时也预测了黑洞和其他一些现象的存在。

广义相对论中一个革命性的观点在于：质量导致了时空的弯曲。举例来说，太阳周围的空间是弯曲的，而这种空间的弯曲就是行星围绕它运动的原因。行星同样能使它们周围的空间发生弯曲，这也就是月球绕着地球转的原因。这比牛顿两个世纪前所提出的引力理论更精确地解释了月球的运动。但由于引力是自然界中四种作用力中最弱的，比电磁作用力小 40 个量级，因此它在粒子物理学中完全可以被忽略。微观粒子可观测到的作用力只有其他三种：电磁作用力、弱作用力和强作用力。一个粒子能“感受”到哪种作用力取决于粒子的种类。

以质子为例，它可以感受到原子中电子的电磁作用，在原子核边界内的弱作用力，以及把质子束缚在原子核内并防止夸克逃逸的强作用力。但通过任何可测量到的手段,它都没法感受到由电子、质子甚至周围的大分子带来的引力。我们所遇到的最小的费米子——中微子(neutrino),没有电荷而且仅具有极其微小的质量,它仅能感受到弱作用力的影响(以及小到几乎测量不到的引力的影响)。在CERN和其他地方所进行的实验研究所依赖的粒子物理学,是建立在粒子物理学标准模型基础上的,其中并没有包含引力,因此它并不受爱因斯坦的广义相对论这个引力理论的约束。

物理学的圣杯是一个"万物之理",一种只用一个或者少量方程就能描述自然界所有相互作用的模型,当然也包括非常弱的引力。因此,该"万物之理"必须是量子理论和爱因斯坦广义相对论的结合体。我们这个时代任何在这个方向上(如果可能的话)的实验进展都很有可能来源于LHC上的发现,因为这里有我们目前所能达到的最高的能量水平。

爱因斯坦开拓性的工作却让他对他帮助发现的量子世界感到困惑。他所一直相信的关于自然的一切总是与量子理论的原理格格不入,主要因为他不相信自然界粒子的行为是概率性的。一个著名的言论便是,他相信"上帝不掷骰子"。[6]同时,他不相信"非定域性"(nonlocality),也就是两个相隔甚远的事件可以相互影响而不需要以光速传递任何信息。非定域性是量子理论的一个直接结论,表现为一种叫做"纠缠态"(entanglement)的现象。[7]

这些矛盾让爱因斯坦感到沮丧和好斗。他经常在信件、论文以及和其他继续发展量子理论的物理学家们的谈话中攻击量子理论的观点。他总是在寻找——然而作为爱因斯坦,他总是能发现——那些争论中的漏洞,来作为他攻击新兴的量子理论的工具。爱因斯坦关于量子理论的争论,和年轻的量子先驱海森伯、泡利、狄拉克,以及老一点的薛定谔和玻尔一道,将整个理论推向了更高的高度。

在玻尔和普朗克观点的基础上首先建立理论的是24岁的海森伯。他发现了一个极其重要的量子物理学观念——粒子的动量和位置不能同时被精确测量,无论仪器有多么精确。如果一个被精确得知了,另一个则肯定含有相当大的不确定性。这就是著名的海森伯不确定性原理。海森伯指出这种性质在微观世界里很常见,原子、分子、电子、质子、中子等都具有。

海森伯的工作出现以后,泡利用新的量子理论观点解决了氢原子能级的问题。他可以用量子力学来推导出一些可观测量,这些量可以在最简单的氢原子系统中检验。泡利于1900年出生于维也纳,但他成年后基本生活在瑞士,在那里他是苏黎世工业大学的一名物理学教授。泡利是一个激烈的反纳粹人士,在希特勒统治欧洲时期居住在瑞士可以确保他的人身安全。泡利很胖,有带回声的笑声和爽朗的性格,以他的泡利不相容原理(Pauli exclusion principle)出名——如果两个电子处在同样的轨道,那么它们必须自旋相反。他还通过理论分析预言了中微子的发现。

泡利有一段时间人际关系处理得不是很好,而且常常被焦虑症困扰。仿佛命运的安排,泡利遇到了著名的心理学先驱荣格(Carl Jung)。荣格分析了很多泡利的梦境,得出了一些很有意思的关于人类思想和量子物理学之间关联的假说。

1926年,奥地利物理学家薛定谔发展出一套波动方程,作为海森伯量子理论的补充。这拓展了一年前德布罗意所提出的波粒二象性观点。薛定谔方程用到了粒子的波动性质,并且只能在一些封闭系统的简单情形下得到解。更复杂的量子系统需要一台计算机来处理。薛定谔方程的解有一个奇特的性质:它们允许不同状态之间的叠加。在我们的日常生活中,一个电灯开关可以是“开”或者“关”,但不会两者并存。而在古怪的量子世界中,它可以以各种状态存在,同时“开”和“关”。这意味着微观粒子可以同时既在这儿,又在那儿,而不是这儿或者那儿。为了举例说明这种匪夷所思的量子现象,薛定谔设计了一个思想实验,也就是现在广为人知的“**薛定谔猫**”(Schrödinger's Cat)。

“薛定谔猫”这个思想实验的工作方式如下:一只猫被放置在封闭

的盒子里。盒子里面有一小瓶氰化物和一个由放射性物质触发的锤子。当放射性元素的原子分解,装置被触发,然后锤子打破小瓶,氰化物被释放,猫就死了。放射性衰变是量子事件,受量子力学规律的支配。薛定谔提出以下问题:如果我们不知道放射性衰变是否发生,那么猫是活着还是死了？他的回答是:为了和量子理论的规律一致,猫同时既是活的,又是死的。

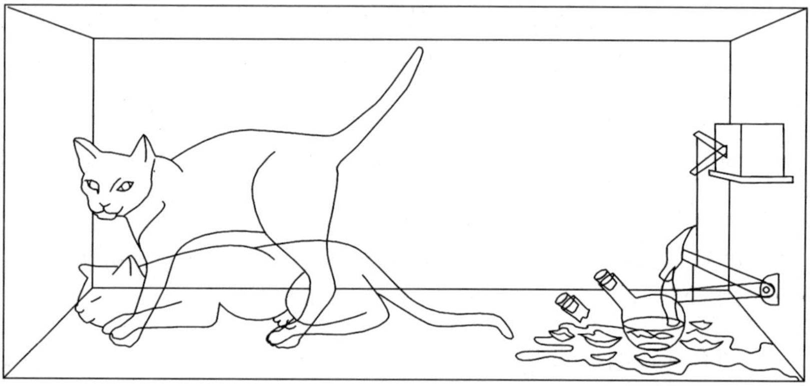

**图 2.1**　薛定谔猫思想实验

应当指出的是,薛定谔猫佯谬试图在宏观系统上强加量子条件,所以它有很多的瑕疵。

但这个思想实验很好地说明了量子力学的奇怪之处。我们将这个原理贯穿全书。例如,一个电子的自旋方向是两种可能性的叠加:向上和向下。正是这种叠加的想法,将导致连续的对称性,而对称性在现代物理学中非常重要。

2004 年,薛定谔的女儿露丝・布劳尼策尔(Ruth Braunizer)邀请我去参观她父亲在蒂罗尔州阿尔卑巴赫镇的房子,房子位于奥地利阿尔卑斯山。我们开车爬上高山,最终到达一座可爱的阿尔卑斯式的房子,房子前面有一个标志:DAS SCHRÖDINGGER HAUS(薛定谔故居)。迎接我们的是著名的薛定谔猫的一位后代,这只小小的灰色猫咪依偎着我,发出咕噜声——它是活蹦乱跳的。

在下午的晚些时候,我沿着房子前面树木繁茂的路径走到薛定谔的墓。在纪念十字架上,露丝放置了一块金属的板子,上面是她父亲1942年写的一首诗。我非常喜欢这首诗,因为它带着强烈的量子力学的味道,其中也有薛定谔的生活哲学,这些哲学也许是由那些量子想法激发出来的。山上落日的余晖照亮了坟墓西方的群山,我读出了那些德语单词[由露丝的丈夫阿努尔夫·布劳尼策尔(Arnulf Braunizer)翻译成了英文]:

它是什么,并非基于我们所感知的,
也不仅仅因为我们不再感知它。
因为它就是它,我们同样如此,永恒不变。
所以所有的存在只是一种存在,
当人类消亡它依然延续。
那意味着人并没有停止去感知。

薛定谔,1942年

## 宇宙学、对称性和守恒定律

我们对宇宙作为一个整体的演化的认识,由古斯(Guth)在20世纪80年代初于麻省理工学院所做的开创性工作所加强。古斯是一位由粒子物理学家转行的卓越的宇宙学家,他在加利福尼亚州的斯坦福直线加速器中心(SLAC)工作。古恩作出了关于宇宙演化的一个重大发现,他推测出了暴涨(inflation)现象。

根据古斯的理论,就在大爆炸之后,宇宙经历了一段时间的宇宙膨胀,在尺度上呈指数形式。在极小的一段时间内,宇宙从亚原子粒子大小膨胀到到一块大理石大小。[8] 当暴涨停止时,宇宙以较温和的速率持续增长,直到今天它仍在扩张。然而,在我们这个世代,这种扩张正在加速,这种说法在1998年已经被那些对遥远星系的天文研究所证实,这些星系正在远离我们。宇宙学一大谜团就是加速宇宙膨胀的神秘力量来自何方,它被称为"暗能量"(dark energy)。这与"暗物质"(dark matter)不同,"暗物质"是宇宙学另一个悬而未决的问题。

在数学上,空间整体上似乎符合欧氏几何,它的特点是直线,而不是曲线:宇宙在大部分地方看起来并没有明显的弯曲,除了在有质量的物体附近,这些曲率由爱因斯坦的广义相对论所推定。原初的大爆炸之后指数增长的世代,暴涨相使宇宙变得"平坦",这些发现已经被一系列研究确定,这些对宇宙微波背景辐射的研究获取了十几年的卫星数据。

就在物理学家越来越满足于他们值得信赖的模型时,宇宙学和天文学就此抛给粒子物理学家一个巨大的问题要解决。而暗物质是同样巨大的更早的问题。当20世纪30年代,通过对星系的观测,茨维基(Fritz Zwicky)意识到这些星系之间的作用远比根据它们所有被观测到的物质推算出来的作用强得多,因此他断定,宇宙一定充满着大量的暗物质。这种缺失的物质可能是由我们以前从未见过的微小粒子构成。

LHC可能有助于解开这个谜,发现其中的一些粒子。用古斯的话说:在未来的5—10年,我们希望知道有多少暗物质存在……我们可能也会了解复杂的宇宙结构是否可以被解释,详细地说,这种复杂的结构来自宇宙历史中最初的几万亿分之一秒期间随机的量子过程。[9]

古恩解释,LHC是一个时间机器,它使我们能够研究还处于大爆炸后一个极其短的时间内($5\times10^{-15}$秒,或者五千万亿分之一秒)的宇宙。历史上,在加州大学伯克利分校于1930年建成的第一个回旋加速器,可以让我们一瞥大爆炸后200秒的宇宙;质子同步加速器,1952年建于长岛的布鲁克黑文国家实验室,使我们来到了$3\times10^{-8}$秒(大爆炸后三百万分之一秒);还有万亿伏特粒子加速器Tevatron,1987年建成于费米实验室,使我们可以到达大爆炸后的$2\times10^{-13}$秒(20万亿分之一秒)。[10]

斯穆特领导的研究小组发现了宇宙中星系形成的种子。这些科学家第一次阐述了宇宙大爆炸后发生不久,星系如何从聚集物质开始形成。宇宙早期物质来自一个非常热和密集的粒子组成的“原始汤”。其中,简单原子的原子核,主要是氢、氦原子核和一些锂,分别形成。后来,初代的恒星通过聚变反应燃尽了氢和氦燃料,随后死亡,较大的原子从这些过程中被喷涌进入太空,形成了现在我们知道的原子和分子。

像古斯一样,斯穆特最初也是一位粒子物理学家,后来转行为宇宙学家。在宇宙学领域,斯穆特通过解读第一批从太空收集的微波辐射数据,做出了重要的工作。回顾1991年他研究生涯的重大时刻,当他和他的团队发现了导致了星系形成的原始种子,斯穆特说:“你很容易犯错,所以你必须要小心,不要糊弄自己,然后在你的数据中看到你希望看到的,而不是让数据自己讲故事。”但经过仔细反复的分析,数据的确清楚地显示了物质的种子,这些种子后来成长为星系。[11]这条新闻在宇宙学领域引起了很大的轰动。

星系的种子是早期当基本粒子汤合并成质子和中子形成原子核时形成的物质团块。后来,原子核与电子相结合,形成简单的原子。很久以后,当早期的恒星燃尽燃料,又形成了更加复杂、更大的原子。

原子是元素的最小组成:氢,氦,锂,碳,氧,氮,铁,铜,等等。在它的核心,每个原子有一个原子核,与整个原子相比,原子核非常小,并且密度很大。它包含带正电的部分——质子,并且还有电中性的部分——中子(neutron)。原子的其余部分是由带负电的电子组成,这些电子绕着原子核在各自的轨道上运动。

这些轨道和它们周围的空余,占据了大部分原子的体积。原子核本身的体积比原子的整体小得多。将一个原子比作公共汽车大小,那么原子核将是汽车上乘客阅读的报纸上一个字母“i”上那个点的大小。[12]

质子比电子重得多:一个质子的重量近似等于1836个电子。[13](然

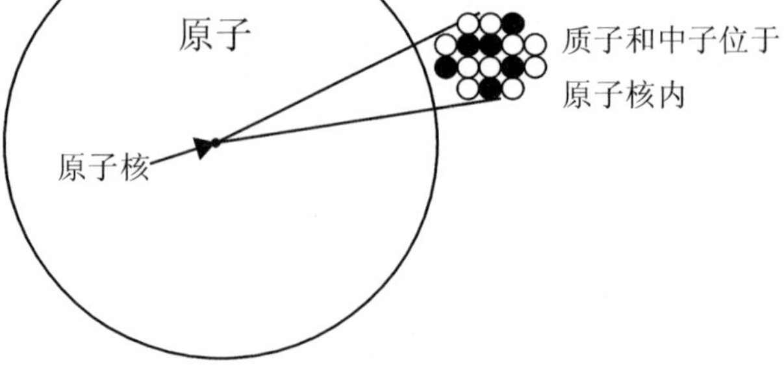


**图 2.2** 原子和原子核

而，在我们的例子中，它仍然相当于"i"上的点，因为它位于原子核内，而围绕原子核的电子与密度很大的原子核相比，占据了绝大部分空间。）中子只比质子重一点。质子和中子在原子核中紧挨着。原子核中质子和中子越多，原子就越重。氢只有一个质子作为原子核；氦原子核有两个质子和两个中子；依此类推，原子越来越重。

但是，科学已经超越了对原子、原子核和电子的研究，到达对原子核的微小成分的分析：宇宙大爆炸后随着原始汤冷却，每三个夸克一起组成了质子和中子以及其他基本粒子。今天，我们在探求对这些微小粒子行为的认识，以及对控制这些行为的场和作用力的认识。实验上打入原子内部的方法由粒子加速器开启，但理解实验结果所需要的物理学理论对数学的要求很高。

伽利略说："自然界这本书是用数学语言写成的。"新的物理学需要比伽利略所能想象的复杂得多的数学。这些是特殊类型的数学，并且，对数学的需要已经把大量的数学运用到物理学领域，希望借此揭开物理世界的数学谜团。在2009年春天麻省理工学院举办的"数学和物理学前景"会议上，在世最伟大数学家之一、菲尔兹奖得主、牛津大学的阿蒂亚爵士（Sir Michael Atiyah），在他的主题演讲上阐述了今天面临的五个物理学问题：

我们能否验证标准模型并且找到希格斯玻色子?

神秘的"暗物质"的本质是什么?

弥散在宇宙空间中的"暗能量"是什么?

我们能否解决物质与反物质之谜?

我们能否对量子力学有更深入的理解?

为了解决阿蒂亚描述的问题,并希望有一天能创造物理学的终极理论,数学和物理学必须比以往任何时候更加紧密地一起战斗。

阿蒂亚回忆说,当他在20世纪50年代第一次来到麻省理工学院,数学家和物理学家在同一栋建筑办公。"数学学院和物理学院之间有一扇门,那门一直是锁着的,"他说,"于是我问那些物理学家,为什么门是锁着的,他们告诉我,他们有一张新的地毯,不想数学家进来,把脏靴子踩在上面。"[14]阿蒂亚指出,从那以后,数学和物理学有了好得多的联系,如果我们希望有一天创造出终极理论,这种关系就必须继续下去。

数学中一个特定的概念——**对称**(symmetry),就是所谓的数学**群论**(group theory)中的一个分支研究,在现代物理学中起着重要作用。在我们的认识中,对称非常直观自然,这似乎是与生俱来的。例如,一张脸具有两侧的对称性,我们知道,婴儿甚至可在出生后几个星期识别人脸的对称特征。海滩上的海星有五重对称性,这也符合我们对自然的审美感觉。而街角禁止通行的人造标志有八重对称性。

但对称的概念可以更加深入。在不常见的事物中,在更抽象的事物中,也存在着空间对称性,这些对称性对于理解粒子物理学理论是必不可少的。这些想法是由一个非常年轻的19世纪法国数学家伽罗瓦(Évariste Galois)首先提出的。1832年他20岁时,在一场为了一个女人的决斗中死去。在这之前,伽罗瓦提出了群的数学概念,群是我们理解对称性的基本代数工具。伽罗瓦还是一个高中生时就开始了他的研究。同时,他的想法是如此先进,以至于在他生活的年代没有人能理

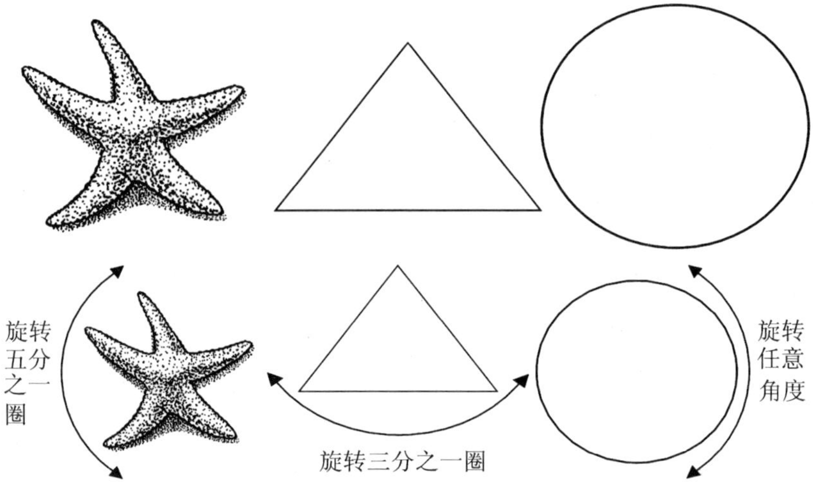


**图 2.3** 物体的对称性

解，因此，他甚至无法进入一所好的大学，这导致他的沮丧，天真地参与政治革命，最终面对悲惨的对决。[15]

让我们来看看一些对称性。一张脸只有翻过去的时候才会看起来一样，这是因为左边变成了右边，而右边变成了左边。如果等边三角形沿轴线绕任何边的中点翻转，抑或沿着顺时针或逆时针方向旋转三分之一或三分之二，它看起来都是相同的，

但一个圆以任何角度转动看起来**都是**相同的：无论转动的角度大小，90 度、223 度，等等，它总是和旋转后的圆相同。我们说，一个圆有一个连续的对称性，而变换群（使它们和变化以前相同的变换）是一个连续的群。这样的群被称为**李群**（Lie group），这是以挪威数学家索弗斯·李（Sophus Lie）命名的，他 19 世纪将伽罗瓦群的想法扩展到连续对称性。连续对称性在粒子物理学中大量使用。

在物理学中，我们使用了一些连续的群来建立物理学过程的模型。每当一个连续的对称存在，并且可以由李群描述，也就是说，经过一组连续的变换，如一个圆的所有可能的变换的群，我们可以确信已经知道了某些重要的东西。

波士顿大学的诺贝尔奖获得者格拉肖(Sheldon Glashow)这样描述对称性:

对称性总是存在于自然界。物理学家几百年来已经意识到晶体的对称性。事实上,对称性,这种晶体和形状的美,使一些人深信原子的存在。但有时对称性不是那么明显。例如,中子和质子就是这种情况,两个粒子在某些方面非常相似,但在另一些方面差异很大。这是一个明显的对称性的例子,一个近似对称性,这种对称性在本质上是破缺的。其他类型的对称性则被完全隐藏或明显破坏了。[16]

要理解这种想法,我们需要回到海星。海星具有一种完美的五重对称性:你可以朝任一方向,顺时针或逆时针旋转五分之一的一个理想的海星的周长,它仍然看起来完全一样。但是你在海滩上发现的海星从来都不是完美的,经常有一只触角比其他的要小,有时甚至多个都不一样。显然,缺陷在组织形成的时候就形成了,它们可能由遗传或环境造成。你在画板上画的一只海星是完全对称的,但它本质上的对称性是被大自然"破坏"的。

有些对称性没有被破坏,却是被隐藏的:直到人类第一次看到人体内部(当然仍然是史前时期),他们不知道我们有两个肾脏,对称地生长在脊柱两侧。这种对称性被天然隐藏。你可以把人类的肺作为一个自然界的对称性破坏的例子:"画板"上的想法是两个对称的肺,但有需要为心脏和从它发出的动脉空出大块地方,因此肺的对称性必须被破坏。左肺看起来并不和右肺完全一样。

连续对称的数学想法以一种非常基础的方式进入物理学,这就是我们所知道的诺特定理。诺特(Emmy Noether)20 世纪 20 年代在格丁根大学工作,她是一位德国犹太数学家。在格丁根,她证明了任何连续的对称性在物理学上意味着存在一种**守恒定律**(conservation law)。

守恒量是物理学上最重要的想法。在一个密闭系统中,能量是守恒的：它不能被创造或销毁。我们知道，能量可以变成质量，质量可以转化成能量，但在一个封闭的系统中质量和能量的总和必须保持不变。同样，我们知道，电荷是守恒的，因此在密闭系统中它的总量不能改变，电荷不能被创造或消灭。这同样适用于动量。动量守恒的一个简单的例子就是飞船必须提供相反的喷射流使其变慢下来，因为动量（在太空的真空中）是守恒的，否则它会继续往前走。当你用皮毛的表面相互摩擦然后触碰另一个人的时候，你就会看到电荷守恒现象：他将会感受到静电的刺激，因为在你的身体中的电荷守恒，电荷不能就此消失，所以它就跑到跟你接触的人身上。守恒定律在物理学中非常重要，它们与对称性通过强大的诺特定理相联系。

对称性和守恒定律之间的联系，对理论物理学家而言是一个重要的工具。一旦一个对称性被发现，一个守恒定律就肯定潜伏在某处。此守恒定律可以反过来解释粒子相互作用，因为这说明，对称完全由那些物理量（不管是何种守恒量——电荷，能量，动量）导致。如果一个相互作用后的总物理量没有加上相互作用之前添加的总量，一定缺少了某些东西。使用守恒定律的一个美丽的历史范例是奥地利物理学家泡利在 1930 年预言中微子的存在。泡利知道，能量必须是守恒的，并且他注意到在称为 β 衰变的核过程中，少量的能量丢失了。他的结论是，这种缺少的能量来自从衰变过程中逃逸的额外的粒子，从而预测了中微子的存在！

知道某些物理量是守恒的，我们会知道相对应的对称性一定隐藏在某处，发现这种对称性可能对我们研究发现现象中的本质有很大的价值，可能会产生了解世界的新理论。对称性和守恒定律，以及狭义相对论和量子理论，都是在 LHC 内进行的伟大实验的基本要素。

第三章

# 一个叫做CERN的地方

我第一次访问CERN是在2009年4月2日。我从巴黎出发，经过约一个小时的飞行，于10点35分抵达日内瓦机场。现在想来我的那次访问差点泡汤呢。当时由于巴黎市内快速铁路网交通系统的电子故障，我乘坐的列车瘫痪在城市北部，数以百计的乘客被遣散去自行乘坐出租车或公共汽车继续赶路。这真是一个意外的情况。要不是我终于说服了一位巴黎女士勉强允许我搭乘她的出租车去戴高乐机场，我真的就要放弃这次旅行了。到机场后，我飞奔到航站楼，终于在机舱门关闭前的最后一刻登上了飞机。

到达日内瓦后，我见到我的联系人保罗·佩塔尼亚博士。保罗是一位高大、看起来挺年轻的意大利物理学家，来自意大利的利伏诺。经过短暂的交谈后，我们乘坐他驾驶的汽车往西部驶去，那里便是我们的目的地——CERN。驶过林立的高楼，宽阔的田野和小村庄便出现在视野里。我注意到这里的高压线不同寻常地多。“我想，考虑到我们的耗电量是多么大，被这么多高压电线围绕就也没什么好抱怨的了。”他笑着回答我的疑问。

到了门口，保罗向安全检查站亮明了他的证件，我们就被放行进入了 CERN。CERN 本来是欧洲核子研究委员会(European Council for Nuclear Research,缩写为 CERN)的简称。该委员会当初是为了建造实验室而成立的临时组织,后来更名为欧洲核子研究中心(European Organization for Nuclear Research),但最初的英文缩写 CERN 这个称呼一直保留下来。

CERN 的主体就是一个大的研究基地,里面有白色长形的多层建筑楼群,街道都是用著名科学家的名字命名的。我们驶过"爱因斯坦路"、"玻尔路"和"贝尔路"。最后这个路名源于 CERN 的量子理论学家贝尔(Route J. Bell),他提出了新奇的量子纠缠态(quantum entanglement)的概念。[1] 我们把车停好后,就来到主楼的一层,这里是一个大的自助餐厅和用餐区。我们到的时候正好是咖啡时间,很多科学家都在这里。这里真是一个国际化的地方,来自世界各地的人聚集在这里,进进出出,和朋友交谈,自取咖啡和糕点,津津有味地品尝。他们操着不同的口音,穿着各式的服装,有传统的印度式的,也有非洲式的。在公告版上有用英语和法语张贴的布告。

保罗看到我的疑问,解释道:"不管来自哪里的人,来到 CERN 都必须选择这两种语言中的一种作为交流语言。"

"你选的是法语吗?"我问,因为我听到他说的法语非常流利。

"不是的,"他笑着说,"我选择的是英语。12 年前当我来到这里的时候,我的英语不错,但是法语不好。经过了这么多年,我的法语好多了,说起来已经很自如。不过在 CERN 内部我仍然使用英语交流。这里的英语就像是一种'国际英语'。"

"在国际学术会议上,你会听到来自世界各地的语言吧?"我说。

"对。"他表示赞同。[2]

比起名义上的官方语言英语,在这里法语则是更常用的语言。部分原因可能是 CERN 就位于法语区。CERN 的东部,就是我们现在的地方,也是 CERN 的总部所在地,正好位于日内瓦城的瑞士法语行政州。CERN 的西部,LHC 的所在地,则位于法国的罗纳—阿尔卑斯区。

“当我第一次来到这里的时候,我经历了一次文化冲击。这里真是和我以前见到的任何地方都不同。”当我们坐下来喝咖啡的时候,保罗这样说。我期待地望着他,他继续解释道:“比如,通常情况下,想象一群有着雄心壮志彼此竞争激烈的人,他们可能会视其他科学家为敌对方吧。但在这里却不是这样。在这里工作的人们为了共同的目标作为一个共同体工作的能力让我感到吃惊。这是在除 CERN 以外的地方很难见到的。”

据我了解,CERN 就是这样的一个地方:很明显每个人都想成为重大发现的参与者之一,但是他们以紧密合作的方式追逐这个目标。我更愿意称这为“良性竞争”。在这里我看不到在其他很多地方常见的冷酷无情。科学家、工程师和工人彼此十分友好,彼此帮助,显然他们相处得非常融洽。饶是如此,竞争带来的正能量也在这里发挥着积极的作用。ATLAS 和 CMS,这两个主要的多功能探测器,都在寻找同样的一系列现象:希格斯玻色子、暗物质候选者、多维空间、超对称模型和弦论等重大发现。但是两个工作团体采用不同的方式运行,他们是彼此独立的。

这两个团队各自设计他们的探测仪,各自设计建造方案,使用各自的科学方法,都希望有重大的发现以打败对手。作为 CMS 合作组的一员,保罗接着向我介绍了 CMS 探测器和它的工作原理。公平起见,他也安排了我和 ATLAS 实验的发言人(实验“领导者”在 CERN 的称呼)贾诺蒂博士见面。贾诺蒂博士也是意大利人。“竞争是带来积极的作用的,”佩塔尼亚说,“我们两个团队也有很多共通的地方,毕竟我们有着共同的科学目标。”[3]

当我后来见到 CMS 的领导者托内利的时候,CERN 的竞争与合作的两重性对我而言显现得更清楚了。“重要的是要公平地竞争,”托内利说,“我们必须共享我们实验的所有信息。我一定不会对 ATLAS 的领导者贾诺蒂博士隐瞒我们的研究结果,虽然他们是我们的竞争对手。只有这样才能把科学做好。我们需要比较彼此的结果来进行检验,与竞争者共享信息是我们管理信息的方式。这是确保我们的实验结果正确和真实的最好方法。”他又笑着说道：“当然，我们私下也是很好的朋友。”[4]

我后来才进一步意识到托内利所告诉我的这些话的深意。据传，在 CERN，曾经在这里工作的一个研究团队隐瞒信息，欺骗竞争对手，继而在一项科学发现中占据了上风。但那都过去了，随着现在我们越来越接近希格斯粒子、超对称及其他物理真相的发现，在 CERN 的工作团队正在一个良性竞争和合作共赢的氛围中工作着。

在主楼，我们边喝咖啡边继续谈论 CERN 的神奇之处。“在这里，我们已经在创造不可思议的事情了，”保罗这样说道，“提供基金支持这个研究项目的大学和研究机构将物理学研究推向了国际化。”如他所言，CERN 的诞生，它被赋予的使命，它的国际化的委员会，都是 CERN 令人称奇的地方。CERN 的委员会制定的研究目标和实现目标的方案，也绘制着未来物理学研究的道路。

他补充道：“CERN 另一个重要之处是，在这里，理论和实验是强关联在一起的。理论告诉我们去找什么，比如希格斯粒子、超对称等等。实验的结果则告诉理论家什么是应该去研究的。这是理论和实验永不停歇的互动。”[5]

保罗接着带我去见了 CERN 理论室的负责人阿尔瓦雷斯-高梅（Luis Alvarez-Gaume）博士。在他顶楼的办公室里我们进行了一次令人愉悦的谈话。当我问到他的工作内容时，阿尔瓦雷斯-高梅说：“我研究的是出现在星系中心的大质量黑洞上方和下方的喷注。”考虑到公众所担心的在 LHC 上是不是可能撞出黑洞来，我想这真是一个有趣的巧合。当我提出这个问题时，他笑了起来，好像没有什么能比谈论黑洞更让物理学家放松进而说明科学的奇妙了。“是这样的，”阿尔瓦雷斯-高梅说，“我们也可以在 LHC 上寻找微小黑洞的信号，不过这个机器建造起来还是为了寻找希格斯粒子和其他一些东西。”

“它是一个希格斯粒子工厂。”阿尔瓦雷斯-高梅继续说道。[6] 在接下来的几个月里，我听到科学家们将 LHC 描述为生产不同东西的工厂，这个工厂生产：夸克喷注（quark jet，稳定的夸克是物质的原子核内的质子和中子的组成部分；较重的不稳定的夸克可以在加速器上产生，据推测在早期的宇宙中它们存在过）；轻子（lepton），就是电子或者其他和电子相似的基本粒子；τ 子，一种不稳定的轻子，比电子重约 3500 倍；暗物质，一种物理学家正在找寻的由尚不知道的粒子所组成的物质；中微子，一种非常非常轻的电中性轻子。LHC 被称为什么工厂取决于研究者的兴趣和偏好。科学家经常将加速器看作是一个工厂。因为在加速器上，如果提供足够的能量让一种粒子产生，只要机器运行下去，这种粒子就会不断地产生，只是不同的情况下有或高或低的产生频率。那么 LHC 是什么工厂，它最多地用于产生什么粒子，则是一个开放性的问题。每一个物理学家心中都有一个 LHC 工厂，制造他想要的粒子用于寻求重大的发现，至少我的理解是如此。

我也了解到，阿尔瓦雷斯-高梅对宇宙的结构也有有趣的看法。“好像并没有机制来创造质量的等级。”他这样说，是暗指粒子物理学界一个重要的问题：为什么粒子的质量各有不同而且好像没有什么固定的模式？“或许宇宙本就是无意形成的。”他说。[7]

我问及在 LHC 上质子的速度，阿尔瓦雷斯-高梅答道：“如果 LHC 上的质子和光子（光子是宇宙中速度最快的粒子）进行赛跑，到最近的恒星阿尔法星，光束即光子只比我们的质子快 0.3 秒！”[8] 阿尔法星是一个距我们 4.2 光年的星。关于 LHC 上的质子到底跑得有多快，这给了我们一个形象的解释。我的一个朋友茨维巴赫（Barton Zwiebach）是麻省理工学院的弦论理论家。他计算出，在 LHC 26.659 千米长的隧道里跑一圈，光子仅仅比质子领先四分之一毫米。[9] 茨维巴赫和阿尔瓦雷斯-高梅的这两个比喻是等价的，都说明了这些被加速的质子在加速器的束流管里跑得是多么快。

LHC 将质子加速到接近光速的最大速度，需要很多节器件才能使质子达到这样一个不可思议的高速度。[10] 这个过程的原理很像用火箭运送宇宙飞船到火星。火箭被设计成很多节,每一节给被运送的飞船“一击”使其加速,直到飞船获得足够大的速度逃离地球。CERN 的质子加速过程也是类似的。

在 LHC 上加速之前,质子首先是在 CERN 的一些旧加速器上被加速。这些旧加速器现在被用来为巨大的 LHC 提供补给。首先是将氢原子中的核外电子剥离,以获取质子(带正电的氢离子)。从氢原子获取的质子流强度是很高的,一批就产生数以亿计的质子。而 LHC 运行一天其实只用掉仅仅 2 纳克(十亿分之二克)的氢。仅仅 1 克氢,就足以让 LHC 持续运行超过 100 万年。

然后质子在相对较小的直线加速器(相较于 LHC 那样的环形加速器而言)上被加速以获取初始速度,这个称作直线 2 号。这个加速器使质子加速到光速的 31.4%,也就是每秒 94 200 千米的速度。这已经是非常大的速度,比地球上任何物体都快(除了具有光速的光和电磁波,以及来自外太空的宇宙线),但比在高能加速器上的加速粒子还是慢得多。

一旦到达预期速度,质子就从直线加速器进入 CERN 的旧环形粒子加速器,它被称为质子同步助推器。环形加速器的优点是,粒子在里面可以停留很长时间,一圈一圈地加速。在直线加速器里,一旦粒子达到了加速器的另一端,加速过程也就终止了。质子同步助推器将质子加速到光速的 91.6%,随后就需要另一个更强大的环形加速器来接手,以进一步提升质子的速度。不得不提的是,随着粒子速度的提升,它们需要的能量是激增的。将一个 31.4% 光速的质子加速到 91.6% 光速(60 个百分点的差异),比将它从 91.6% 光速加速到99.93% 光速(只有 8.3 个百分点)其实要容易得多。而后者将由同步质子加速器来完成。速度的连续提升需要巨大的能量,原因可以追溯到相对论中的特殊理论。在相对论中,一个粒子运动得越快,它的有效质量就越大,而将一个重的物体加速比将一个轻的物体加速要困难多了。

当质子在同步质子加速器上获得 99.93% 光速的速度后,它们便进入下一级更大的加速器——超级质子加速器。强大的超级质子加速器早在1983年发现W玻色子和Z玻色子时就立下汗马功劳，而W玻色子和Z玻色子是弱相互作用的介质。因为在这些发现中做出主要贡献的CERN的物理学家鲁比亚(Carlo Rubbia)和范德梅尔(Simon van der Meer)因此荣获1984年的诺贝尔物理学奖。超级质子加速器给质子进一步的推动，使它们达到99.998%的光速，这相当于把质子的能量加速到450 GeV。

最终，质子准备进入终点——LHC。LHC在14 TeV运行时可以将质子推送到最大为99.9999991%光速的速度。它给质子最大为7 TeV的能量，这是质子进入LHC时450 GeV能量的15.5倍(1 TeV = 1000 GeV)。

LHC上的加速将需要巨大的能量。可以做个类比，从速度为0加速到每小时60千米，加速一艘70 000吨重的船需要大量的燃料，而一辆小汽车只需要不到4升的汽油就可以。在加速器内的粒子遵循同样的规律。将一辆粒子从静止加速到一定速度需要一些能量。但是一旦这个粒子已经跑得很快，加速它已经不再像加速一辆小汽车，而更像加速一辆很重的大卡车。这时使它移动甚至加速需要更多的能量。在我们的类比里，加速后的大卡车更像一艘更重的大船了。

对于有质量的粒子(也就是除去光和电磁波)，加速到光速是不可能的。因为粒子的有效质量在速度为光速时是无穷大的，所以加速到光速就需要无穷大的能量。但是将质子加速到99.9999991%光速——接近但不是100%——却是可以实现的，只要有足够的能量源供你支配，比如相当于整个日内瓦城的电力供应的能量，而CERN便拥有这些。

CERN的实验室将这些能量通过微波共振设备转换为电磁“推力”，用以加速粒子。接近1000块大型超导磁体排列在LHC长达26.659千米的隧道里，用以约束质子在隧道里上百万圈的运行中保持正确的轨道和聚焦在一个非常紧密的束流中。

LHC 的微波共振腔设备的工作原理很像一个大人在帮小孩荡秋千：每次当小孩靠近的时候就往前推秋千，给它更多的能量使其加速。当然，过一阵子后，大人便不能推得太厉害，不然小孩可能跌落和受伤。质子进入 LHC 后，每次经过微波共振设备便会被推动。完美的同步脉冲的能量维持质子被加速，令质子速度越来越快，同时磁场用来弯转、修正和聚焦束流，直到粒子达到可能达到的最大速度。这个速度取决于 LHC 可用的电力以及磁场能够支撑多大的流强等工程设计。

不过，实际上 LHC 经常在远低于它最大能力的能区运行，因为在冲击极限之前它需要很多的检验。超导磁体也需要通过逐渐增大它的流强来进行“训练”。LHC 就像你刚买的汽车，即使你的车可以开到 193 千米/小时，在买来的当天你也肯定不会想马上把它开到这个速度。首先，你想做的是适应它，在可以加到最大速度以前，舒舒服服地在较低速度驾驶它。LHC 则是远比汽车更复杂和敏感的机器，而且和汽车不同，它是独一无二的，每件事都要从头学起。

比起汽车，LHC 的零部件更是其数百万倍，每个零件需要完美地配合在一起工作以完成任务。这也是为什么这个机器需要很长的准备和测试周期，以便所有部件作为一个完美的整体工作。但这很难，因为任何一个小部件的缺陷都可能使整个计划失败。正如我们看到的，一个小小的焊接点不工作对整个项目都是致命的，而这样的焊接点在 LHC 上有几千个。

关于 LHC 和它的建造，一件有意思的事情是没有人真正完全了解这个庞然大物的性质、属性、强项和弱点。科学家们说它有一种气质，它有一种独特的回应，甚至是说有灵魂。它由不同的科学家和工程师团队建造，它的各个部分好像包含着不同的人格，需要经过适应使各个部分共同工作。这种描述让我回想起我以前在阿拉斯加认识的一对夫妻。他们都是经验丰富的水手，他们共同制造了一艘水泥钢板的帆船。建好以后，他们需要先慢慢地尝试驾驶它，在不同的风速、不同的天气情况下练习,才能知道在极端情况下,比如横穿太平洋的暴风雨时,它能够有什么样的表现。他们说,他们要对刚建造完成的小船有足够的了解。LHC 上的测试也是这个道理,不同的是这可是在更宏大的尺度上的测试。LHC 也是有个性的!

一艘帆船,如果被加速得太狠,超过它的极限,可能会沉没;一辆汽车,如果加速超过它的极限,可能会烧毁。我们已经知道的是,在 LHC 上,如果电磁力稍微过大,LHC 可能就会失去正常磁场。还有其他的操作问题可能会发生。比如,质子束流可能逃离聚焦,也就是说,质子可能不再正常待在它应该在的小区域内。而正常对撞要求将两个来自不同方向的质子束流对撞在设计精确的一个小点上。这些质子在 26.659千米长的轨道上每秒要跑上惊人的 11 245 圈,而从它们进入 LHC 束流管到它们被加速到最大能量,需要 20 分钟的时间。

在探测器内,每一个束团中就有 1000 亿个质子,而在每一串质子束流中有 2808 个束团。质子束团被送入两个平行的长 26.659 千米的环形管道中:一束按顺时针方向穿梭,另一束按逆时针穿梭。一旦质子达到最大速度,它们接着被导引进行头对头对撞。对撞点和时间都是精确控制的。每个含 1000 亿质子的束团分别在三个位点对撞:ATLAS、CMS 和 LHCb 探测器内,这是 LHC 上三个主要的探测器。LHC 上的所有对撞位置都被精确地控制在探测器内的某一位置,并在一个很小的空间内对撞释放能量,这样集中释放的能量和对撞的产物——级联产生的新粒子——便可以被精确地测量和研究。

LHC 上沿着隧道可以发生对撞的点有 8 处可以安装探测器,实际只有其中 4 处安放了探测器,其余的 4 处是以前的大型正负电子对撞机(Large Electron-Positron Collider,缩写为 LEP)遗留的。2000 年 LEP 退役后,它的隧道便为 LHC 所用。这 4 个正在运行的探测器是:ATLAS(对撞点 1),CMS(对撞点 5),LHCb(对撞点 8)和 ALICE(对撞点 2)。另外,在 LHC 上还有两个小的项目:LHCf(“f”代表“forward”,意思是“前端的”,表示在探测器的前端,在 ATLAS 附近 )和 TOTEM(测量总截面、弹性散射和衍射离解截面），TOTEM 在 CMS 探测器附近。LHCf 实验用于监测宇宙线的行为，TOTEM 负责测量质子的通量。

在 LHCb 上，科学家们使用非常精密的设备——切仑科夫计数器去探测和测量粒子高速穿过物质时的辐射光。LHCb 寻找特殊的衰变过程——B 介子（B-meson）的衰变。介子是中等大小的粒子，也就是说，它们一般是那些质量介于电子和比电子重 1800 倍的质子之间的粒子。典型的介子比电子重几百倍。介子由一对夸克和反夸克组成，B 介子是一种特殊的介子，它里面含有很重的底夸克（bottom quark），也称为美夸克（beauty quark，关于夸克后面有更详细的介绍）。B 介子是 LHC 上质子对撞的产物，它们产生后要衰变到较轻的粒子。CERN 的科学家们期望通过研究 B 介子的衰变解释为什么宇宙中物质是主导的而反物质很少。

ALICE 合作组的科学家则是用特制的探测器去研究早期宇宙的情况。从某种意义上说，所有 LHC 上的工作就像是通往早期宇宙的时空旅行，ALICE 尤为突出。LHC 上十分之一的时间，一般是质子对撞几个月后的一段短暂时期，质子束流会被铅离子取代（为 ALICE 提供束流）。

为什么要用铅离子呢？铅是地球中最重的元素之一了，一旦将电子从铅原子中剥离，剩余的铅离子就是带正电的重原子核了。这些离子被 LHC 加速到一个比质子低一些的速度，因为一个铅离子约是质子质量的 207 倍，它们很难被加速。尽管如此，这些铅离子还是可以被加速到一个接近光速的速度。另一方面，因为铅离子比质子重很多，对撞产生的能量比质子对撞大很多。LHC 的质子对撞最大能达到 14 TeV，而铅离子对撞能达到 1150 TeV 的能量，这些能量都聚集在 ALICE 探测器内的一个小空间内。当这些重离子对撞在一起，它们产生一种等离子体，这是一种液态的粒子流，其中有些粒子可能是带电的。等离子体温度很高，是由夸克和胶子组成的，所以又称夸克—胶子等离子体，有时也称为“夸克粥”。

夸克是质子和中子的组成成分,它们被非常强的强作用力禁闭在质子和中子内部,无法逃离。在大爆炸发生后的短时间内,早期宇宙温度非常之高,处在夸克等离子体态。随着温度慢慢降下来,质子和中子便形成了。夸克的等离子体态里其实也含有将夸克束缚在一起的所谓力的传递者,被称为“胶子”。ALICE 合作组希望通过重现这种兆量级的温度——比太阳中心的温度还要高出成百上千倍——的夸克—胶子等离子体,以研究夸克和胶子的行为,理解它们是怎样形成了我们今天宇宙中物质的原子核的组成成分——质子和中子。在美国有类似的实验,2010 年初,美国的布鲁克黑文国家实验室曾报道创造出了夸克—胶子等离子体。

**图 3.1** 鸟瞰 LHC 的轮廓和它的探测器(CERN 的 AC 团队供图)

CMS 是一个更通用的探测器,可以开展很多研究工作。“C”取紧凑之意,它是一个十分紧凑的探测器,大量的电子学硬件被安置在一个非常有限的空间内。“M”代指它探测的 μ 子,一种不稳定的粒子,类似于电子但是比电子重两百多倍。“S”指超导螺线管磁体。CMS 上的磁体能够制造大小约 4 特斯拉的磁场。[11] 相比之下,我们地球表面的磁场仅是这个磁场的十万分之一。

ATLAS 也是一个通用探测器，按照设计，它具有环形的（甜甜圈形的）超导磁体。磁体内部有很多探测器部件，可以将质子对撞产生的粒子在 ATLAS 中心腔室留下的径迹测量到很高的精度。像 CMS 一样，ATLAS 由螺线管转换电能提供强磁场，偏转带电粒子的飞行轨迹以对其进行测量。在 ATLAS 内部有不同层次的子探测器。内室记录从对撞点飞出的带电粒子，往外有一个量能器，测量粒子的沉积能量。虽然 μ 子比它的堂兄弟电子重很多，但是 μ 子能够穿过量能器继续往外飞，然后它们被外层的 μ 子谱仪精确测量。μ 子谱仪能够将 μ 子的动量测量到很高的精度（在附录 A 中有关于 ATLAS 工作原理的更详细的介绍）。

ATLAS 和 CMS 探测器都需要考虑噪声的影响，包括宇宙线、来自地面和空中的辐射和其他假信号等来源。排除这些才能测量真正来自

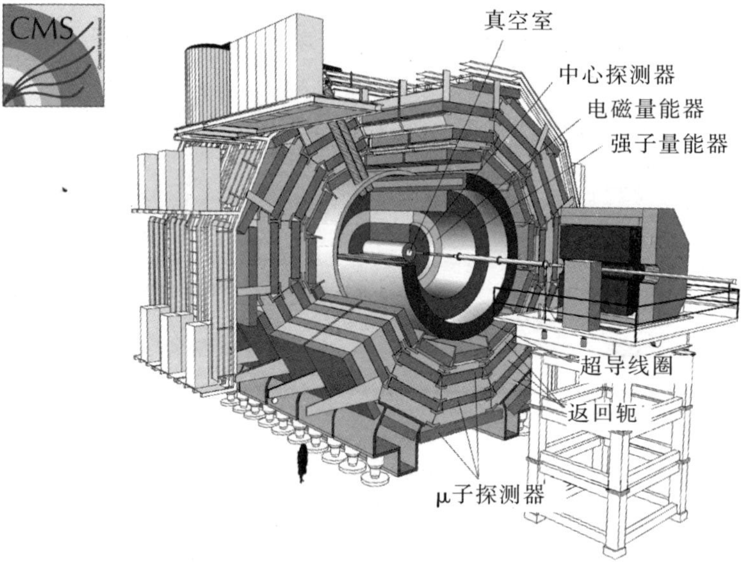


**图 3.2** CMS 探测器示意图（通过对比图中人的尺寸，可知 CMS 的体积大小）[CERN 的弗里格（Vittorio Frigo）供图]

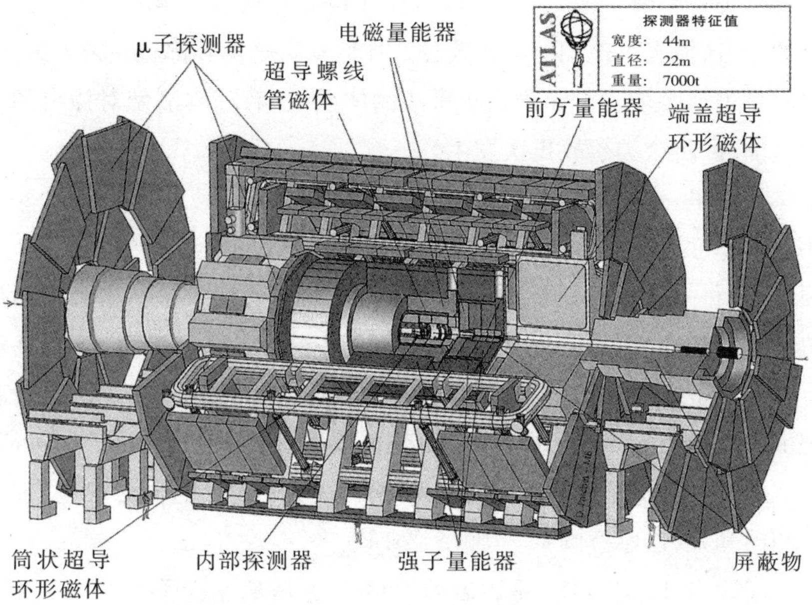


**图 3.3** ATLAS 探测器(CERN 的 AC 团队供图)

质子的对撞产物。经过 40 个小时的宇宙线测试,探测器的响应被了解得很好了,而后在 2008 年 9 月 7 日和 10 日进行了低束流能量测试,结果显示非常好。

CMS 探测器持续进行了 19 天的测试。CERN 的科学家戴维(André David)在座无虚席的演讲大厅向世界各地的科学家展示这些测试数据的图片时,对于图中的两处空白区域,向大家表示抱歉。他说:"那天我们有贵客到访,法国和德国总理来参观 LHC,我们不得不停一天……有点遗憾,不过你也有了一次可以回家看望妻子的机会,让她不至于因为你在实验室连续工作很多天而忧心。"[12] 随后,他解释另一处空白:"这是几天后发生的,一处磁体失超并泄漏了约 6 吨的液氦。"[13]

发生在 2008 年 9 月 19 日的这次大泄漏,对这些在 CERN 为科研理想奋战多年的科学家而言无疑是晴天霹雳。他们长时间的高强度工作,所做的一切都是为了准备最终的质子对撞。这次失超不仅造成了上百万美元的财产损失,而且将实验计划倒退到了一年多以前。更严重的是,这损害了他们的集体荣誉。他们知道全世界都在注视着他们。他们意识到必须改正导致这次事故的体系缺陷,理解清楚对撞机的能力范围,以防这类事故再次发生。

在这里,除技术以外,政治也有着重要的影响。从 2004 年到 2008 年,CERN 的负责人是法国主管艾马(Robert Aymar)。据传他是一个强硬的人,将 CERN 的运行推到了极限。他的野心似乎是让这台机器尽快全力以赴地运行,以便在他的任期内就能出成果。然而,LHC 并没有完全准备好。"我们花费了很多年去建造 LHC,"佩塔尼亚说,"没有理由要这么急。"现在 CERN 的负责人是德国人霍伊尔(Rolf Heuer),他似乎对小心谨慎和循序渐进有更清醒的认识。"他很受欢迎,理解探测器和人,也愿意倾听。"佩塔尼亚说。[14]

2009 年 11 月,LHC 重新启动的时候,佩塔尼亚这样描述那一刻:

就像奥林匹克运动会上的跳高运动员:低于赛季最佳成绩 20 厘米时他会比较放松,但是当他想要冲击金牌或世界纪录时……在助跑之前他就会全力以赴并做周全的考虑!特别是,最后一次尝试的时候,他也可能用力过猛而摔倒在地……机器重新启动(2009 年 11 月)的成功超过了我们的预期。而现在我们对每个细节都有三重检查,并竭尽全力避免在迈向真正的未知前走错任何一步![15]

我见到了 ATLAS 的发言人贾诺蒂,她也是 CMS 的和平竞争对手。她的办公室在 CERN 总部,往下能够看到草坪、CERN 的其他建筑和大量的高压电线。她的办公室在四层,非常舒适。这也是 ATLAS 和 CMS 合作组的办公楼。物理学家们在这里办公,在会议室面对面地交流他们的想法和结果,开展他们的分析。贾诺蒂在接任 ATLAS 领导职位的时候,在她的家乡意大利受到了媒体的广泛关注。

当我问她,认为 LHC 上将会有什么发现时,贾诺蒂首先告诉我的是:“大自然常常是比我们人类更优雅和智慧的。”[16]她接着解释,对于大自然将会怎样,人们有理论和预期,比如关于他们应该在他们的实验中发现什么。但是大自然只会做它想做的,实验常常会带来令人惊讶的发现。“我们就是这样了解大自然的美妙和它的神奇之处的,大自然会带来出人意料的意义重大的结果。做研究最让人兴奋的是思想要保持开放,”她说,“哥伦布去寻找印度而其实找到的是美洲大陆。”[17]

敏锐的洞察力和不落俗套的思路让贾诺蒂在意大利赢得了很多人的赞赏。在意大利,她是民间传说中的英雄人物,她的科研经历被刊登在出版物上。贾诺蒂 1998 年在米兰大学拿到她的博士学位,之后获得在 CERN 的职位。在 CERN,她的工作是关于一种在 ATLAS 探测器上的一个重要仪器。她热爱音乐和舞蹈,业余时间会花些时间玩玩音乐。“这里是不会产生黑洞的。”她向我保证。这类问题她已经被各出版社问过很多次了。“来自外太空的宇宙线已经穿梭几十亿年了,它们携带的能量可比我们在 LHC 产生的高多了。”[18]

贾诺蒂同时也想让我知道,CERN 的价值远不止单纯的学术研究和认识宇宙。“我们在这里发展了复杂的技术,它们可以应用于别处,例如全世界的工业界。我们和工业界有合作关系,我们的研究可以帮助社会发展和改善民众生活。LHC 国际合作项目在人类历史上是迄今为止第一次真正的全球范围的国际合作。”[19]

CERN 吸引了全世界很多博士生和年轻的学者来到这里工作。这给科学家提供了一个多产的国际化的工作氛围。“这对促进这些来自世界各地的学生成长非常有益,使他们在一个合作的、兼容并包的环境中成长,”贾诺蒂说,“合作也帮助提升这些学生本国的技术水平。所有这些都使这里成为一个非常特别的地方。”[20]

对 CERN 的第一次拜访让我难以用语言描述,从来无法想象有这样一个地方存在。在这里,来自全世界的上万名科学家以饱满的热情在和谐共荣的氛围中一起工作,探索关于“我们来自哪里”这样的终极知识以及大自然的真理。这里的环境是独一无二的,不仅是对于科学家，对于一般性的人类组织也是如此。这里吸引了人类学家、社会学家、历史学家们的注意，他们想尝试去理解在CERN这个地方，人们是如何工作的，人们的合作和决策制定是怎样进行的。

在这样一个成千上万名科学家聚集在一处、鲜有离开、高度社会化的地方，有一个关于CERN的人为因素的社会调查最近刊登在《自然》杂志上，题为“大型人类对撞机”(The Large Human Collider*)。[21]该文章指出，在历史上从没有出现过这么多科学家聚集在一起，以团体的方式工作，或者以几个人为小组，采用彼此紧密交流的工作方式，为同一个目标奋斗。因为每一个科学家都是一个小领域内的专家，通常的在公司或政府机构常见的自上而下的管理体系在这里并不适用。CERN发明了自己的运作方式，一种更融洽的合作方式。“工业界的模式不适合这里。在这样的宏大维度上，单独一个人是不能做出技术决策的。”一个曾经研究CERN工作模式的人类学家这样说。[22]

在这个有魔力的地方，科学家的作用早已超越了其追求的纯粹科学目标，而对外界的社会也有重要的影响。我也受到了这种热情的鼓舞，想进一步了解LHC：它的孕育和建造，还有关于它的缔造者CERN组织的历史。

---

* 缩写也为LHC。——译者

# 第四章

# 建造有史以来最大的机器

保罗·佩塔尼亚带我到 CERN 的保卫处申请了一个身份卡,让我能够进入到位于地下 90 米处 LHC 的 5 号点的 CMS 探测器腔室中看一看。我需要填写一些表格来获得这张身份卡,以获准进入探测器的内部。我们在瑞士和法国的边境上驾车到到达了 5 号点,然后进入了直达地下探测器的电梯。路上可以看到有关辐射的安全警告。

"感觉不太像《天使与魔鬼》(*Angels and Demons*)那部电影里的样子啊。"我说。保罗笑道:"好吧,你估计知道丹·布朗(Dan Brown)确实来过这儿,但那时候这儿还没有瞳孔扫描设备。我不知道是不是那本书和电影给了他们安装这些安检装置的主意,还是说他们早就计划好了的。不过这样做的原因倒是和那个故事里所呈现的非常不同。"他解释说如果有人在 LHC 的隧道中,而隧道又需要关闭,那么让计算机知道这件事是很重要的,那样才能迅速找到里面被困的人员并把他带回地面。这主要是人身安全的问题——保证没有人被意外地锁在地下 90 米深的隧道内。到了探测器的那一层,我们走出了电梯。接下来看到的场景让我惊呆了。

我的朋友茨维巴赫曾经把 LHC 描述为"人类所建造的最不可思议

的机器，能和欧洲大教堂并称”。[1]所以此时此刻，在保罗带领我参观CERN的复杂设备、精密的电子仪器和整个庞大复杂的结构时，我脑子里一直回荡着来日内瓦之前在麻省理工学院和茨维巴赫吃饭时他告诉我的话。我终于开始理解他所说的了，并非常赞同。

站在很深的地下，从隧道所在的地面向上看这个凝结了无数人的汗水和天赋而建造的五层楼高的巨大探测器，就像是站在巴黎市中心的西岱岛上，仰视着圣玛利亚大教堂矗立在广场上一样。无论哪种情况，你都会惊叹于建筑的庞大和蕴含其中的人类的聪明才智、不懈努力、雄心壮志和艺术品位。它们一个是21世纪的科学工程，另一个是12世纪的中世纪建筑艺术的顶峰。

LHC的总长度是26 659米(26.659千米)。我惊讶地被告知，这远不是世界上最长的隧道，而只是排名第21。地球上最长的隧道是美国的特拉华水渠，有136千米长，在纽约州坚硬的岩石中开凿，用来输水。第二名是芬兰南部的派亚特海梅输水隧道，有119千米长。然后是南非的奥兰治河—大鱼河隧道，也是用来输水的，有82千米长。在瑞士本土的伯尔尼阿尔卑斯山，2007年建成了世界上最长的铁路隧道——勒奇山隧道，有34千米长。甚至柏林的马德里地铁系统和加拿大的蒙特利尔地铁系统，都比LHC的隧道要长。还有俄罗斯、中国、西班牙和伦敦的许多铁路和地铁隧道都要比LHC的隧道长，但LHC的隧道是世界上最长的用于科学研究的隧道。

在原始的隧道内部，放置的是用令人难以置信的复杂逻辑和工程技巧组装起来的LHC的近10 000个大型电磁体，用10 080吨的液氦冷却到1.9开尔文(零下271.25摄氏度)的超低温。这使得LHC是宇宙中最冷的地方。当然我们并没有探索到宇宙中每个地方来确认这件事，但是这个结论是有逻辑支持的。我们的宇宙诞生于137亿年前炽热的大爆炸，随后就开始冷却了。目前宇宙中的温度是是2.73开尔文(零下270.42摄氏度)，这代表着“大爆炸的余热”，即大爆炸后不断冷却至今的结果。但是在LHC内部，超导磁体需要比外太空中更低的温度来正常工作,所以它们需要被持续冷却。因此这里是宇宙中最冷的地方了,除非宇宙中还有其他文明用能量来维持比外太空更低的温度。

在 LHC 隧道内的质子管道中是近乎绝对的真空,它的气压比月球表面的 1/10 还要低。这里的真空是用真空泵把管内的空气抽走的,这样质子在被加速的时候才不会碰到空气分子。当质子—质子在探测器的一个腔室中相遇时,相反方向运动的只有被加速的质子。

为了让工人们能对 CMS 探测器里面的电子器件进行调试,CMS 探测器的两个主要部分被分开了。我们爬到探测器两部分之间的一个支架上。保罗在这儿指给我看,当设备封闭起来(所有人都安全地在地表,隧道也封上),机器开始运转的时候,这里是质子会发生相互碰撞的地方。他说当 LHC 运转起来的时候,发生对撞的质子周围是用极强的磁场包围起来的。

保罗告诉我,他的一名德国同事曾经在被告知离开的时候,仍然坚持留在 CMS 腔内,那时正是磁场被调到 4 特斯拉进行一项超导磁体测试的时候。后来那位物理学家描述说,他在被强大的磁场包围后全身都开始疼,头部出现非常奇怪的感觉。“但是假如你待在原地一动不动,还是可以忍受的。”他说。[2]

ATLAS 比 CMS 要大一些,它放置在两个长轴上。有 45 米长和 25 米高,这相当于七层楼的高度。要挖出这么大的地下室,需挖走 300 000吨石头,相当于整个帝国大厦那么重。整个探测器是用相对较轻(和石头比)的材料构成,即便如此仍然重达 7000 吨。在 ATLAS 探测器中有 1 亿个活动的模块,被非常密集地封装在一起。所有的灵敏电子元件用约 3200 千米长的电线与设备其他部分连接起来。

“建造 ATLAS 就像在一个瓶子中造一艘船,要一块一块地安装。”詹尼(Peter Jenni)博士说道。他是瑞士的粒子物理学家,曾经设计了探测器的结构并领导 ATLAS 实验组直到 2009 年初。[3] 探测器的每一个大的模块都被慢慢地分别运送到地下 90 米的地下室中,然后再和其他部分组装连接起来。ATLAS 是一个形如八面体的巨大环形磁体,像一个巨大的甜甜圈。它由8个线圈对称地放置着组成,就像是围绕着中间质子对撞空洞的辐条。8个磁体线圈共同工作来产生用于偏转其中运动粒子所需要的磁场。2004年10月26日,一个巨大的起重机把8个大线圈中的第一个降到隧道里。每个线圈都有24.6米长,重达1吨。

把ATLAS探测器组装起来是一个相当难的技术活,因为每个线圈都必须被旋转到一个非常严苛的角度才能把它正确放置到直径18.6米的垂直轴上,然后下降到LHC地下室的深度。当它们被降到地下后,不同的部分被组装起来,并被固定在一个水平的平台上。ATLAS探测器建造时的精度要求高于百分之一毫米。[4]

2007年2月28日,CMS探测器正式开始建设的时刻到来了。早上6点,探测器最重的一块终于完成了它的旅程,到达隧道深处。这里曾经放过正负电子对撞机,现在改成了大型强子对撞机。一个由瑞士沃斯本公司建造的大型起重机缓缓地进入到CMS地下室上方特殊设计建造的一个建筑里。这个特殊建筑建造的时候就安置了这种执行特定任务的起重机,但仍需要对其法国建筑标准设计稍作改造,使它尽可能高。起重机进入建筑内后,就开始把它装载的东西运送到地下室中。预先装好的探测器的中央模块,包括巨大的电磁体,总重量达到1920吨,这和5架波音747客机的总重量差不多。

整个探测器有12 500吨重,是世界上建造的最重机器。CMS比ATLAS稍小一些,只有20.7米长,直径14.7米。在探测器中央,是一个巨大的铁、铜和铌钛合金,里面包含着极其复杂精密的电子元件,这个中央部分以非常缓慢的速度(每小时9米)放到地下的安装位置。整个工作花了超过一个工作日的时间,即10个小时的紧张磨人的精细活。但是CMS团队最终成功地把磁体安放到它设计的位置,误差小于几毫米,这样仅需要非常小的修正即可。把CMS放到准确的位置是整个建造过程中最难的时刻,这一步花费了最长的时间。

在CMS和ATLAS上均有300个电子元件用来测量、数字化和传输信号，最终把信号从对撞的粒子传到探测器的各个模块中。在地面上，即 LHC 隧道上方 90 米处（更确切地说，隧道位于地下 175.3—48 米深处），还有一套额外的 100 多套计算机设备。

一个计算网络负责了所有的繁重计算，整个实验每年产生 10—15 拍比特（1 拍比特等于 $10^{15}$ 比特）的信息。这些海量的数据是由全世界 LHC 计算网络来分析的，该网络是由全世界 100 多个计算中心构成的二层架构。在 LHC 实验室，分析工作就是科学家们在大屏幕上了解各种高级的三维彩色图像。在这些大屏幕上，展示了不同层次的地下探测器，并显示了由质子对撞产生出来的粒子径迹。计算机可以分析出每个粒子在不同探测器中的径迹方向。这些粒子的路径被探测器中的强大磁场偏转，而粒子的弯曲线会被测量出来，用于鉴别粒子种类。后续的分析将会确定每个粒子的质量、电荷和能量。

具有代表性的一幕是，科学家们看到各种粒子犹如瀑布般从一个衰变到另一个，华丽地展示到面前，它们中的每一个都以具有独特颜色的径迹显示在屏幕上。这看起来就像是一场烟花盛会。出现这种现象的原因就是每一个从质子对撞产生出来的粒子都是不稳定的，它们很快衰变到更轻的粒子，衰变出来的粒子同样地会衰变到更轻的粒子。

对于对撞出来的粒子和它们的衰变产物进行一个彻底的分析，将有可能导致新粒子的发现，即发现那些从来还没被看到过的粒子。但这种情况出现的机会是很稀少的，科学家们预期在大量的对撞事例中只有很少的一部分才有可能会有新发现。在全速运转时，LHC 每天能产生上万亿的对撞事例。CERN 使用的全世界的计算机的任务就是对这些巨量的对撞事例进行筛选，过滤出那些少量的包含自然界新发现的重要事例。这是一个超级先进、全部计算机化的、犹如大海捞针般的搜索。

你可能对 ATLAS 和 CMS 这两个几乎用来研究同样现象的探测器，竟然被设计得如此不同而感到诧异：一个探测器非常重而小，而另一个则有 2 倍的长度和 1.5 的倍高度，却只有一半的重量；一个有 8 个

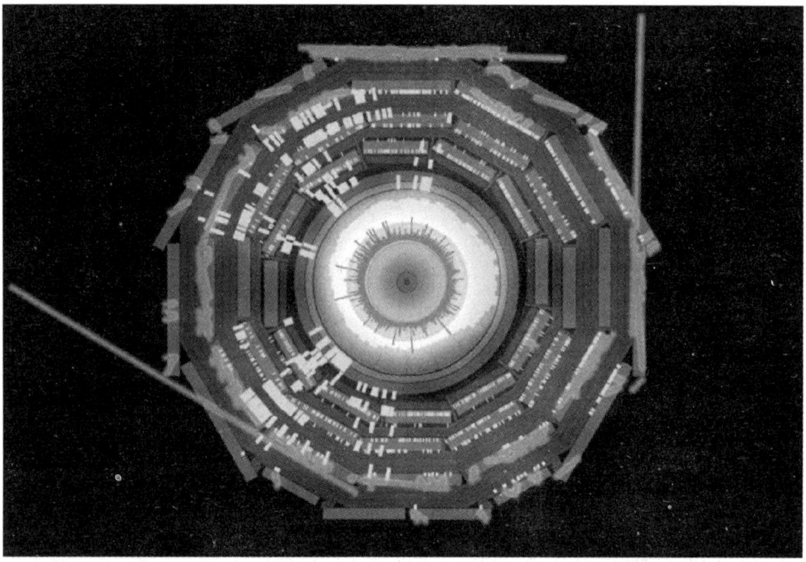

**图 4.1** 早先 2008 年 CMS 探测器探测的粒子轰击金属靶产生粒子的“溅射”(CERN 的 CMS 合作组供图)

环,另一个则看起来像多边形圆柱;一个在强度为 1—2 特斯拉的磁场中工作,另一个则处在大得多的 4 特斯拉磁场中。这些差异来源于一个非常有趣的原因。这两个超导探测器都是在 20 世纪 90 年代由各自团队的科学家们设计的。在那时,寻找希格斯玻色子是建造 LHC 最主要的目的。两个团队都受命设计符合这个对撞机要求的最先进的粒子探测器。希格斯粒子最有可能被发现的方式是衰变到 2 个 Z 玻色子,然后紧接着衰变到 4 个 μ 子。[5]

最终,两个团队都做出了最好的设计来探测级联衰变的 4 个 μ 子。他们的标准是在测量误差不超过 10% 的情况下使探测器同时探测到 4 个 μ 子的效率最大化。[6] 探测器找到并以高精度测量一个粒子的能力计算公式是磁场强度乘以粒子穿越探测器距离的平方。两个团队都发现到这个方程在给定的条件下有两个不同的解:一个在紧凑的设备中,其中 μ 子有相对较短的路径,但需要非常强的磁场来偏转径迹;另一个则选择大得多的设备,允许 μ 子飞行更长的距离,相应的磁场强度小一些也足够了。

CMS团队选择了第一种方案来作设计，ATLAS团队选择了第二种。在CMS中，μ子在4特斯拉的磁场作用下可飞行3米，因此在CMS中μ子的探测能力是$4\times3^2=36$。在ATLAS中，腔室内的磁场是2特斯拉，在μ子腔内只有1特斯拉，但是这个腔是CMS的μ子腔的两倍大，μ子的飞行距离是6米。因此ATALS的子探测能力是$1\times6^2=36$。这两个相互竞争的工程有着同样的探测能力！假如存在一个更好设计的话，或者说这两个团队的哪一个有更好的设备或计算能力，或更精明的观测技巧，或者运气，那就让时间来检验吧。

一个粒子的电荷可以由粒子在探测器磁场中弯曲的方向来确定：带负电的粒子径迹和带正电的粒子径迹弯曲的方向相反。粒子的动量可以由测量粒子径迹的弯曲程度来确定。一个快速移动的粒子比一个慢的粒子弯曲程度小得多，因为一个快的粒子在使它弯曲的磁场中飞行的时间要少。一个中性粒子的径迹是不弯曲的，因为只有带电后，才能让一个粒子在电磁场作用下弯曲。

我们已经看到，为了鉴别粒子，1—2特斯拉的磁场对ATLAS已经足够了，尺寸小一些的CMS却使用了4特斯拉的磁场。但是LHC使用超导磁体是另有目的的。1232组偶极磁体使得两束质子能够弯曲地沿着26.659千米长的LHC环形隧道运动，每个这样的磁体有14米长。需要更强的磁场来使隧道中接近光速飞行的粒子以精确的方式弯曲。超导偶极磁体需要8.33特斯拉的磁场，这是CMS中的两倍还多。为了达到如此强的磁场，在最高能量运行时，偶极磁体需要11 700安培的电流。

这些磁体里面有两个开口，是留给两束相反运动的质子束流通过用的。这样，同样的磁体就可以同时控制两个管中分别在隧道中顺时针和逆时针运动的质子了。回忆一下，在探测器中相反方向的束流汇集到一起，质子相互发生碰撞，所以在每个探测电磁体中只有一个通道。当粒子被加速并且径迹被调整和聚焦后，在特定时刻粒子会被导入到某一个探测器里,即可以是 ATLAS、CMS、ALICE 或 LHCb。两个更小的探测器 LHCf 和 TOTEM,会依赖于 ATLAS 和 CMS 为它们提供粒子对撞。

超导磁体内的磁场是由铌钛线圈产生的,当它们被包围在每个磁体周围的液氦冷却以后就变成了超导体。在 LHC 的偶极磁体中的线圈总长度是 7520 千米长,重达 1200 吨。每条电缆是由 36 根电线编织成的,每根电线又是由 6400 根灯丝般的铌钛超导合金做成的。每根电线都只有 0.007 毫米粗,即比一个人的头发丝的十分之一还细。这些"灯丝"的总长度有 16 亿千米,比从地球到太阳的距离的 10 倍还长(即 10AU,AU 是一个天文单位,指地球到太阳的平均距离)![7] 这些统计数字可以给你一个概念:CERN 建造大型强子对撞机所面临的技术挑战有多么大。但 LHC 只是自第二次世界大战以后物理学研究长期努力中最新的规模最大的一个项目。

我与 ATLAS 发言人贾诺蒂谈话后,保罗带着我去见诺贝尔物理学奖得主斯坦博格(Jack Steinberger),他已经与 CERN 保持了几十年的联系。斯坦博格告诉我,CERN 的成立是对曼哈顿计划的一个直接回应。美国在曼哈顿计划中成功生产了第一批原子弹,欧洲国家希望推出一个联合核研究项目,致力于对原子及其组成的和平探索。斯坦博格告诉我:"因此,CERN 的存在,是对美国发展原子弹的一个直接的逆反应。"[8]

事实上,CERN 拥有丰富的历史。广岛原子弹爆炸四年后(此时二战早已结束),国际文化会议在瑞士的洛桑举行,与日内瓦正好隔湖相望。在这里,提出所有小粒子像波一样运动的量子理论先驱德布罗意公爵,首先提出创建一个欧洲科学实验室的可能。这个想法得到了许多与会者的强烈赞同。

次年,在意大利佛罗伦萨举行的联合国教科文组织(the United Nations Educational, Scientific, and Cultural Organization, 缩写为

UNESCO）第五届大会上，美国物理学家、诺贝尔奖获得者拉比（Isidor Rabi）提出一项提案，建立一个位于欧洲的物理学实验室，这个实验室将致力于"增加科学家的国际合作，并使合作更加有效"。[9]

很多科学家认为这项事业是亟需的。究其原因，欧洲物理学家越来越意识到第二次世界大战之前和期间欧洲大陆大范围的人才流失，这主要是由于希特勒（Hitler）对学术界犹太人的清洗，也包括许多其他科学家由于战事而逃亡。联合国教科文组织大会的与会者明白，战时人才流失的影响会持续阻滞欧洲科学，除非有一些大动作来扭转这一趋势，并吸引科学家到欧洲。

随后又进行了两次教科文组织会议，会议充实了提案的细节。在这些早期的会议上，来自不同背景、有不同观点的人达成一致的能力就开始出现，这是令人惊喜的，而这种能力依然是现在 CERN 的特色。1952 年 2 月 15 日，在阿姆斯特丹举行的联合国教科文组织会议上，欧洲 11 个国家的代表签署协议，设立欧洲核子研究委员会（CERN）。最初的协议还成立了欧洲国家规划国际实验室和组织其他形式核研究合作的代表理事会，并授权理事会起草一份组织公约，以及选择一个地点，安排采购设备和其他必需品。

经过长时间的讨论，代表们决定，新的研究主体应设在瑞士和法国之间的边境地区，这两个国家提供地方，总部就设在日内瓦的城外。该组织规定，研究主体的名称改为欧洲核子研究中心，但其缩写 CERN 被保留下来，这项决定在 1954 年 9 月 29 日由其成员国正式批准。

最初赞助这个国际组织的的 12 个创始国是德国（当时的联邦德国）、比利时、丹麦、法国、希腊、意大利、挪威、瑞典、荷兰、英国、瑞士和南斯拉夫。最后，南斯拉夫因为财务原因于 1961 年脱离。截至 1999 年，随着西班牙、葡萄牙、奥地利、芬兰、波兰、捷克、斯洛伐克、匈牙利和保加利亚的加入，成员国的数量增加到 20 个。

CERN 的目的是通过使用加速器来研究粒子。粒子加速器的想法可以追溯到 19 世纪晚期，当时英国物理学家 J·J·汤姆孙（J. J.

Thomson)发现了电子,这是原子里的一种带负电荷的粒子。1898 年,J·J·汤姆孙发现用阴极射线管产生的一束射线在磁场中偏转了。他推断实验射线中得到的粒子带负电荷。这是历史上第一次看到电子的轨迹。

阴极射线管是老旧笨重的电视机中用来在屏幕上产生图像的装置(与现在的平板显示器工作的方式不同)。电压在一个玻璃真空管(其中大部分空气已被抽去)中产生。电视的显像管端部涂覆有当被电子击中就发光的材料。电子在管内被电场加速,当电子束根据由 UHF(特高频)或 VHF(甚高频)无线电传输或现在主要通过电缆传输过来的指令扫过屏幕,屏幕上就形成了图像。信号中的信息由电视机里电磁场快速偏转飞向屏幕的电子,使其转换为所需的图像。

现代的粒子加速器有着相同的基本思路。带电粒子,包括电子、正电子(正电子是电子的反粒子),或 LHC 中使用的质子是从物质得到的,并且通过电磁场加速和控制。在 LHC 中,管道是环形的,周长有 26.659千米。每次粒子经过磁体,电磁力使其路径弯曲。射频设备使它们加速。LHC 的质子绕着这样的管道循环数百万次。但是,跟电视机里粒子撞到屏幕上或者 J·J·汤姆孙发现电子的实验不同的是,它们撞进其他质子束。

因为 LHC 是环形的,我们需要超导磁体来使质子的径迹弯曲。直线加速器不需要偏转磁体,它们使用的磁体是用于聚焦粒子束和约束它们的轨道。如前所述,在直线加速器中,粒子只通过直管一次,然后对撞。在环形加速器中,粒子可以多次通过储存环再发生对撞。这样的缺点是,使粒子的轨迹一直弯曲需要消耗大量的能量,因为粒子天然地“想”直线运动,所以让它们沿着一个环运动需要大量的电磁能量。

J·J·汤姆孙揭示电子存在的实验中的想法为我们提供的用于测量能量的方法是可以理解的。J·J·汤姆孙发现的电子是通过使用电磁场在真空管中加速的。当一个电子在 1 伏电压的电磁场中加速时,我们定义单个电子获得 1 电子伏(eV)的能量。当两点之间的电荷不同时,电压产生了,单位是我们知道的日常生活常见的伏。例如,一个1.5伏的电池,正负极的电势差为1.5伏,你家的电压是110伏。这种比较应该给你一些电压量级的概念:你家的电压是电池电压的73倍。这就是为什么你可以抓着一个1.5伏(AA或AAA)电池的两端,但你不敢触摸裸露在你房子里的电线,因为那个电压可能会要了你的命。

想象一下,电子在J·J·汤姆孙的阴极射线管中飞行。假如将你的1.5伏电池接在他的仪器上,你觉得一个电子在管内速度增加的结果会获得多少能量?既然我们有个直观的感受,一个1.5伏的电池不是很厉害(你可以用你的手指触摸电池两侧,完全感觉不到电),那显然你不会给电子很多能量,因此,我们看到,1电子伏(1eV)是非常小的能量。

但现在想象一下,你用1000伏电压。这是一个强电压,你不敢触碰这么大电压的电线,它使管内的电子有1000电子伏(或1千电子伏,1 KeV)的能量。这样的高电压来加速电子,使它们拥有可以被测量到的额外能量。现在想象一下,给这些电子100万电子伏,也就是说,通过一个100万伏的电压加速它们,这将是非常高的能量。

100万电子伏的能量,即电子通过100万伏电压加速获得的能量,被称为一个兆电子伏(1 MeV);一个吉电子伏(GeV)是电子通过10亿伏电压加速获得的能量;一个太电子伏(TeV)是电子通过万亿伏电压加速获得的能量;一个拍电子伏(PeV)是电子通过千万亿伏电压加速获得的能量。我们已经遇到这三个能级:LHC的最大能量是每束质子7 TeV,或两个质子束对撞在一起的14 TeV。我们还看到,从SPS出来的质子有450 GeV的能量。跟电子的静止质量相当的是0.511 MeV。但我们仍远远没有能够产生PeV量级的能量。现在科学家研究的主要是LHC和费米国家实验室的Tevatron产生的TeV量级的能量。Tevatron可以产生的总能量仅仅略低于2 TeV。

1932年,英国科学家科克罗夫特(John D. Cockcroft)和瓦尔顿(Ernest Walton)建成了世界第一台粒子加速器,这台机器可以加速粒子并撞击他们。他们想"看"一下粒子内部是什么。原子核是由什么组成？它们是不是有内部结构？如果有，这些亚原子粒子又是怎样的？

一共有两种类型的粒子碰撞——弹性碰撞和非弹性碰撞。在弹性碰撞中，两个粒子相互反冲。想象一下两个台球击中对方，并向不同的方向反弹：台球本身没有发生什么，只是自己的运动状态改变了。但在非弹性碰撞中，台球破碎了。后者就是加速器里发生的，它打破了物质粒子。在粒子物理学中，非弹性碰撞可以通过碰撞产生的能量研究。如前面所提到的，在非常强大的碰撞中，粒子本身变成能量，因此来自对撞粒子的质量和速度的总能量，被转换成其他粒子。

科克罗夫特和瓦尔顿用一个 2.4 米长的真空管和 800 千伏电压（800 KV）加速质子去打靶。他们在加速器里放了一个锂靶，他们发现，质子完全击碎了锂原子，将它们分解成 α 粒子（两个质子和两个中子组成的 α 粒子）。这是科学家第一次用加速器粉碎原子，使它们变成更小的部分（这就是为什么加速器有时被称为"原子粉碎器"）。这是一个重大的发现，因为它揭示原子核的组成：我们看到一旦有足够使原子核破碎的能量，原子核就可以被打碎。由于在这些反应中的质量和能量之间的相互转换，这个实验也是爱因斯坦的著名方程 $E = mc^2$ 成立的一个重要证据。

科克罗夫特和瓦尔顿的成功提供了建设更多粒子加速器的动力。俄罗斯与德国很快建立了自己的加速器，希望能做出更多的关于原子核的本质和它们的组成的发现。他们尝试了撞碎其他种类的原子核。通过这些实验，物理学家希望发现越来越小的粒子。通过这种碰撞的结果，看看物质最微小的组成部分可能是什么。下一个主要发现发生在美国加州。

来自美国中西部的物理学家劳伦斯（Ernest Lawrence），1925 年从耶鲁大学获得物理学博士学位后在伯克利获得了一份工作。他不太认识德文，但是却试图读一篇不起眼的德国杂志上发表的关于加速器设计的文章。事实上，他不认识文章里的字，却破译了文章里的图。这使他想到,一个环形加速器可能会比直线加速器更好地工作。接着他设计了一个直径约11厘米的机器,并在1931年建立了一个直径约27厘米的“回旋”加速器,即一台环形粒子加速器。在他的回旋加速器里,他能够加速质子到100万电子伏(1 MeV),这是一项重大的成就。在以后的岁月里,劳伦斯领导加州大学伯克利分校的大回旋加速器建设,并在上面开展研究,产生了一些放射性元素,例如碳14。但还需要更强大的加速器来释放亚原子粒子。

加速器设计的研究在过去几十年不断获得进展。科学家们继续建造环形的和直线的两种加速器。1957年CERN推出了600 MeV同步回旋加速器(使用可变射频设备的回旋加速器),它可以和在美国开发的类似加速器相媲美。新机器的一个主要成果是实验上第一次观测到π介子(第一个发现的介子,质量介于电子和质子之间的粒子,由一个夸克和一个反夸克组成)直接衰变成一个电子和一个中微子。

1959年,CERN推出28 GeV的质子同步加速器,在一段时间里它是世界上最强大的粒子加速器。同年,CERN的第一个中微子束实验揭牌。难以捉摸的中微子产生于特定的粒子碰撞,并且当中微子足够多时,每个束流中有几万亿的中微子产生时,其中一部分中微子可以被探测到,尽管探测效率对于单个中微子来说极低,因为它们是中性的,并且以极难与其他物质发生相互作用闻名。

在斯坦福大学,著名的斯坦福直线加速器中心(SLAC)始建于1966年,在接下来的十年运行中发现了新粒子,其中之一就是由佩尔(Martin Perl)领导的研究组发现的电子的表亲、比电子重的τ子。重夸克被费米实验室的Tevatron发现,Tevatron是一个建于20世纪80年代的环形加速器。两种新的中微子也是粒子加速器在过去几十年中最重要的发现之一。

由于大功率加速器的设计、建造和运营极其昂贵,欧洲国家认为有必要重新筹备资金,以满足花费。他们必须根据各成员国的经济总量的大小按照比例来决定预算。没有任何一个独立的欧洲国家可以像美国一样有充足的资金来支持它的加速器,其中包括伯克利的回旋加速器、斯坦福的 SLAC、芝加哥附近费米实验室的 Tevatron,及长岛的布鲁克黑文国家实验室。这些机器都是由联邦政府资助,由大学运行。

1993 年,美国国会对计划在得克萨斯州建造的超导超级对撞机(Superconducting Super Collider,缩写为 SSC)停止拨款。SSC 可以产生比 LHC 更高的能量。此举促成了 CERN 成为今天在粒子研究方面的全球领导者。仍应当指出的是,数以千计在 CERN 工作的从原单位来兼职或访问的物理学家,都是美国人。美国与俄罗斯联邦、印度、日本、以色列、土耳其、欧洲委员会和联合国教科文组织,在 CERN 拥有"观察员"身份,这让很多美国物理学家通过他们所在的机构访问 CERN。

CERN 的科学研究由技术和后勤两套独立的行政机构负责管理。因此,尽管美国既不是欧洲的一部分,也不是这个欧洲机构的一个成员国,基于 CERN 的科学实验仍然有许多美国科学家,以及那些来自其他非欧洲国家的科学家。例如,CMS 合作组有许多美国机构参与,如麻省理工学院、加州大学和其他大学。事实上,大约有三分之一参与 CMS 合作组研究项目的科学家隶属于美国的机构。

在过去几十年,CERN 已经建成了一批能量逐渐增加的加速器,并于 1989 年 9 月建成运行了正负电子对撞机(Electron-Positron Collider,缩写为 LEP)。现在 LHC 所在的隧道最初是给 LEP 挖掘的。法国总统密特朗(François Mitterand)和瑞士总统奥贝尔(Pierre Aubert)出席了 LEP 的启动仪式。不像用于运输的隧道,这条隧道的建造是基于严格的标准实施的。完成隧道挖掘的时候,两个挖掘队朝向彼此、一起挖掘,最终隧道的两端重合得接近完美,差异小于 1 厘米![10]

当科学家第一次在 LEP 上加速质子束时,他们发现一天中的某些特定时间,粒子总错过与相反方向飞行的粒子相会。物理学家很疑惑,并有一些团队在研究这个谜题。在一段时间内,没有人能说清事情的原委。但后来谜团解开了,罪魁祸首是潮汐引力!引力牵引着月亮,这引起了日常的变化——海洋和潮汐,也影响到固态的大地。位于日内瓦附近的地下移动因潮汐而变化,使得粒子在26.659千米长的隧道内会偏离并错过了位置。现在利用现代工程方法,通过调整隧道所有点的位置,潮汐的波动得到反向补偿,使问题得到解决。另一个被注意到的问题是,在某些地区,当使用大量电力的法国高速列车接近日内瓦时,电压会有所变化,为此CERN工程师不得不对这种变化进行校正。

1989年8月,LEP开始运行,并在两个月内就出现了对Z玻色子的重要测量。到1991年12月,CERN理事会的代表们一致决定应该建造下一代粒子加速器——大型强子对撞机。在LEP于2000年退役之前,它有了令人欣喜的成果,即一些物理学家所说的"希格斯线索",但没有足够的数据确认这种粒子的存在。科学家建议CERN让LEP再工作几个月到2001年,希望有更多的时间允许他们能得到更确切的结果数据。但CERN的管理层认为LHC项目有高的优先级,拒绝了该请求。于是LEP被拆除,以腾出空间给新的对撞机。

在20世纪90年代中期,美国和日本都对CERN有慷慨的资金贡献,并获得成为CERN理事会观察员的权利。1998年,众多用来偏转LHC质子束的14米长的磁体中的第一个到达CERN。当ATLAS探测器的第一批组件必须放进地下大厅时,LEP却是可以运行的,这形成了一种对安装新探测器的疑虑。

LEP的拆除花了14个月,共有40 000吨材料从深深的地下被运送到地面。美国运送了20个特殊超导磁体到CERN,其他磁体来自俄罗斯和其他国家。在几年之内,LHC的所有组件,包括探测器,都已经到位。地球上最伟大的机器准备开始自己的使命。

第五章

# LHCb 与反物质消失之谜

LHC 将微观粒子撞碎,旨在研究量子理论的奇特效应。深刻认识**反物质**(antimatter)——量子力学结合爱因斯坦的狭义相对论所预言的物质——是 CERN 和 LHC 的主要探索目标之一。如今,我们已经知道所有粒子都有一个奇妙的镜像孪生伴子,即反粒子。电子的反粒子叫做反电子(或者叫做正电子,positron),质子的反粒子叫反质子(antiproton),等等。但是,**日常生活中所见的常规物质的反物质几乎无处可寻**。它们在哪儿?为什么它们在大爆炸产生之后很快就消失了?这是物理学中最神秘的问题之一。在这一章里,我们将更详细地介绍这一问题,还将更详细地介绍 LHC 为解决这一问题所做的探索。

狄拉克是第一个提出反物质概念的物理学家:大自然中一定存在反物质,也就是说如果我们看到一个粒子,那么一定存在一个与它仅仅电荷相反的粒子。这实在是一个大胆的想法。这些粒子就是反物质世界的奇怪居民,一旦它们与常规物质接触,就会瞬间湮灭,释放出巨大能量;一盎司反物质与一盎司物质湮灭所产生的能量,足以与一颗巨大的原子弹爆炸所释放的能量相媲美。

当狄拉克推导自己的方程(现在叫做狄拉克方程)时,他想到了这个奇妙的想法。与早前的方程相比,狄拉克方程可以更完整地描述微观粒子的行为。狄拉克知道量子力学里的薛定谔方程可以准确地描述诸如电子的行为,只要它的速度不太快——也就是说,只要它的速度不接近光速。另一方面,狄拉克还知道,对于运动速度接近光速的大物体,爱因斯坦的狭义相对论给出了正确的理论,能够成功地描述它们的运动规律。所以,狄拉克想做的就是构造一个既符合量子力学(描述微观粒子行为的理论)又满足狭义相对论(描述高速运动粒子的理论)的方程。

这是一个伟大的想法,但看起来却是不可能实现的。其他物理学家曾经沿着这个方向努力过,试图得到一个既满足量子理论又兼容狭义相对论的、看起来自洽的方程。可是,他们都失败了,这里面就有量子力学创始人之一的薛定谔。但是,狄拉克可不是个一般的物理学家。

大学时期,狄拉克在布鲁斯托尔大学求学。他对数学很着迷,学习特别用功。1962 年,诺贝尔奖获得者维格纳(Eugene Wigner,任职于普林斯顿大学,狄拉克的妻兄)曾经采访过他的早年生活。狄拉克回忆道:"我们数学课的班级非常小,只有两个学生,我和一个女孩儿。"维格纳问他:"你和她讨论过数学问题吗?"狄拉克回答说:"没有,在我的记忆里,我们只是在课堂上见面,下课后就分开了。"维格纳取笑他说:"你没邀请她喝茶?"狄拉克回答说:"哦,没有。其实,我根本没有社交生活。"[1]

这并不奇怪,因为狄拉克是一个不健谈的人。有两个故事可以佐证这一点。有一次,狄拉克在多伦多大学做报告,听众中有人举手提问:"狄拉克教授,我不理解你怎么推导出了方程的右面。"狄拉克顿了一下,没说话。经过几分钟的思考后,他回答说:"你说的是一个声明,不是一个问题。"然后转向黑板继续做报告。另一次,在剑桥大学物理学院(狄拉克的工作单位)的一个晚宴上,他紧挨着小说家福斯特(E. M. Forster)而坐,显而易见他是一个少有的、像狄拉克一样不健谈的人。狄拉克很欣赏他的小说。长时间沉默之后,狄拉克转向福斯特说道："在你的最新小说《通往印度之路》(*A Passage to India*)里，山洞里发生了什么？"福斯特没回答。当服务员过来后，他转向狄拉克说："我也不知道。"[2]

大学期间，在还未迷恋物理学之前，狄拉克选修了一门由布罗德(Broad)教授讲授的课程，布罗德把爱因斯坦的理论带给了学生们。"一战结束时，大家对相对论有强烈的兴趣，"狄拉克回忆说，"之前，我们压根没听说过它。"这是因为1919年著名的英国天文学家和物理学家爱丁顿(Arthur Eddington)到大西洋的普林西比岛观测日全食，他的团队拍摄了恒星掠过日全食太阳的照片。通过和恒星图比较，这些照片清楚地显示太阳使得来自这些恒星的光线弯曲(因为质量使时空弯曲，如广义相对论所说的那样)，测量的结果与爱因斯坦的预言惊人地一致。在爱丁顿的发现之后，爱因斯坦成了世界名人，终其一生家喻户晓。

布罗德教授虽然主讲哲学，但他却讲了一个与相对论有关的课程。狄拉克参加这门课是因为他迫切想了解这个新的、激动人心的理论。然而，很不幸，据狄拉克说："他主要从哲学角度讲解了相对论。我试图欣赏它，但还是不很理解它的哲学。"不过，狄拉克确实从布罗德那里知道了爱因斯坦的狭义相对论。"我看到，它的确是新东西，在我的脑海里从来没有想过时间和空间的关系。"[3] 虽然直到那时狄拉克依然不确定要学习什么，但是他当即决定向著名的剑桥大学物理学研究生院递交申请。

在剑桥，狄拉克学习了玻尔的原子理论。他没有认识到原子理论的蓬勃发展，却花了大部分时间学习数学。不过当时，狄拉克通过学习理论知识，知道自己要做什么了。为了超越已有的理论，更完备更自洽地描述微观粒子的本质，他废寝忘食地工作，痴迷于将量子理论和狭义相对论结合起来。

狄拉克每天散步好几个小时，边散步边深思这个问题，夜以继日地奋笔疾书。但是，他依然踏步不前。他是以克莱因—高登方程为出发点的。应该说这个方程确实有它高明的一面,但是往往推导出荒谬的结果。狄拉克试图修正克莱因—高登方程,然而无论他怎么做都不成功。他深受打击,感到十分沮丧。

后来,在1928年一个寒冷的夜里,事情终于有了转机。当时,狄拉克正坐在剑桥圣约翰学院一间休息室壁炉前的沙发上,注视着壁炉里的火焰。突然,他灵光一现。狄拉克认识到克莱因—高登方程有缺陷,因为方程里系统随时间变化的项含有对时间的二次求导。

狄拉克意识到,他苦寻的方程必须只含有对时间的一次求导,正如原始的薛定谔方程那样。因此,他抛弃了克莱因—高登方程,回归到薛定谔方程。为了将相对论应用到量子力学中去,狄拉克发明了四个矩阵,就是后来著名的狄拉克 $\gamma$ 矩阵(矩阵是由数字构成的列矢的集合,可以进行乘法、加法、减法以及逆运算)。这些 $\gamma$ 矩阵满足狭义相对论(任何物体的速度不可以超过光速)的要求,并且一旦其中一个矩阵巧妙地与量子力学相匹配,那么其他所有的东西都神奇地各就其位了。狄拉克方程诞生了![4]

狄拉克方程被证明可以推导出关于微观粒子的正确预言,即使粒子运动速度接近光速也不例外。此外,它还被证明可以给出粒子物理学问题的精确解,比当时其他理论精确得多。狄拉克方程不仅使得狭义相对论嵌入到了量子世界里,它还满足爱因斯坦著名的质能方程 $E=mc^2$。

狄拉克方程公布之后,狄拉克继续分析方程,发现一个令人惊奇的性质。当把狄拉克方程应用到电子上时,它含有一个特别的项,根据他的理解,该项表示电子的自旋。在此之前,自旋的概念仅是实验的推断,然而现在却可以从强大的狄拉克方程中直接得到。电子以及其他构成物质的费米子的自旋被定义为1/2,单位是普朗克常量。玻色子(boson,一类用于传递相互作用力的粒子)带有整数自旋:0、1或2。例如,电磁作用力的介质粒子——光子,自旋是1。

当狄拉克用他的方程解决电子问题时,他很快注意到另一个有意思的性质:某些解具有负能量,他称为“空穴”(hole)。负能量是什么?这看起来好像毫无意义。这就好像你早上醒来,踩了一会儿脚踏车,突然显示屏上卡路里的数目开始衰减:从85到84,到83……这太疯狂了吧?但是,如果你的身体产生负能量,这正是即将发生的事。当把负能量加到正能量中去时,身体释放的卡路里总量就下降了。

当碰到类似的问题时,也就是碰到没有意义的解时,许多物理学家会想当然地认为是推导错误,或者,退一步讲,认为负能解仅仅是一个数学奇异值。狄拉克不这样认为。他坚信他的新方程在告诉他一些关于宇宙的既真实又重要的事情。利用正负能级的内禀对称性,狄拉克得出如下结论:负能量的电子是**另一种粒子**——电子的“反”粒子。

最初,他觉得质子应该是电子的反粒子——但是质量的问题马上就出现了:质子远重于电子。此外,如果质子是电子的反粒子,一个原子里的质子应该和电子湮灭,那样的话物质就不会存在了。因此,狄拉克不得不继续思考,之后得出的结论震惊世界。狄拉克预言存在一种新粒子——反电子,如今叫做**正电子**。该粒子与电子质量相同,电荷大小相等,但符号相反——正电子带一个单位的正电荷!

1932年,加州理工学院的卡尔·安德森(Carl D. Anderson)发现了正电子。他通过研究射入云室的宇宙线发现了这一新粒子。(云室:一个探测粒子运动径迹的设备,当一个粒子穿过它时,粒子的轨迹显示为一条雾线。)当云室置于磁场中时,他发现被测粒子的径迹的偏转方向与电子的相反,计算得出的质量与电子相同——该粒子与狄拉克预言的粒子具有相同的性质!1933年,狄拉克与薛定谔分享诺贝尔物理学奖。卡尔·安德森由于发现正电子以及γ射线产生正反电子对,独享1936年诺贝尔物理学奖。

狄拉克方程把粒子**产生**和**湮灭**的概念引入了物理学。大自然以能量为材料就可以创造正反粒子对。没有人曾构想过如此奇葩的现象。粒子,以及其他任何物理对象,曾经被想当然地认为存在。从那时起,物理学家们开始逐渐理解粒子产生的自然规律。

就在实现狭义相对论和量子力学结合这一不朽的壮举之后，作为一名物理学家，狄拉克获得了极高的声誉。狄拉克并没有止步于此，他又做了上述大胆的预言：存在奇妙的反粒子。最终表明，他赌赢了：大自然确实鬼斧神工，不光产生物质，而且还有反物质。

狄拉克后来做了进一步推论，认为自然界所有粒子都有反粒子，就像电子—正电子那样。那时，查德威克（James Chadwick）还没发现中子，直到第二年才发现，所以当时剩下的已知粒子就只有质子了。狄拉克推测必定存在它的反粒子，也就是反质子。直到1955年，在加州大学伯克利分校工作的意大利物理学家塞格雷（Emilio Segre）和美国物理学家张伯伦（Owen Chamberlain）才发现反质子。他们分享了1959年的诺贝尔物理学奖。

狄拉克的反粒子为粒子物理学引入了新的成员。每个粒子都有自己的反粒子：质量相等、电荷相反的孪生伴子。粒子间的相互作用满足电荷守恒，所以如果一个中性粒子衰变到一个带正电的粒子，那么必定还要产生一个带等量负电荷的粒子，这样才保证反应前后电荷守恒。我们还记得另一个由爱因斯坦提出来的重要关系：能量和质量等价。这表明能量可以自发地转化成质量，正如我们之前看到的那样，但是所有这样的过程中电荷都守恒。这些限制条件导致了正—反粒子对的产生。

真空并非什么都没有，事实上，它充满活力。根据相对论理论和量子力学，能量可以瞬间、且无需原因地产生一对粒子——电子和正电子。这种反应确实在真空中被观测到了——成对的粒子可以通过在云室或类似的探测器中留下的径迹被观察到。正—反电子对无中生有，然后它们很快就消失了，各自与其反粒子湮灭。

大爆炸发生于距今约137亿年前，就像能量的大迸发。正如我们前文看到的那样，能量能自发地转变成正反粒子对。这就是为什么科学家相信，在最初的像一锅汤一样的基本粒子世界里，大爆炸一定产生了等量的物质和反物质。当这些粒子和反粒子相遇，它们瞬间相互湮灭，释放出大量的能量，然后能量又激发出正反粒子对，周而复始。在某一时刻，这个循环必须终止，因为今天我们生活在一个稳定的宇宙当中，我们的宇宙不会自行湮灭。

也不知为何，物质战胜了反物质，然后就出现了现在的物质主导的宇宙。正如许多科学家相信的那样，大爆炸产生了等量物质和反物质，宇宙中的物质最终幸存了下来。如今，反物质只能在宇宙射线、辐射衰变过程、人工粒子对撞机或者医学中的正电子发射断层扫描（PET）仪器上观测到。

科学家们想知道究竟什么原因导致了物质战胜反物质，因为从表面来看，两类物质看起来都很完美，互为反粒子。由于它们互为反粒子，它们被认为应该表现出一致的行为。但是在哪些方面呢？好，让我们把宇宙中粒子的电荷反号，这样我们就得到了反粒子。不过，还有一件事情要做。回想一下，正电子在磁场中运动轨迹的弯曲方向与电子**相反**。因此，如果我们令粒子电荷反号（得到反粒子），然后在镜子里面观看粒子的轨道，我们将看到反粒子具有和粒子一样的物理行为。联合电荷反号（charge reversal，我们用 C 表示）和镜像反射（命名为**宇称反演**，parity inversion，我们用 P 表示），我们就会得到相同的物理现象。如果你将 C 和 P 作用在一个反粒子上，它会看起来像一个粒子，反之亦然。这个定律叫做 **CP 守恒**（CP conservation）。

自然界中与左右对称性（镜像对称性）相应的既定的守恒定律被称为宇称（parity，缩写为 P）守恒。在 20 世纪中叶以前，物理学家坚信自然界中宇称自身守恒，这意味着如果你将现实世界取镜像，你将得到完全相同的物理现象。于是便出现了上述令人惊叹的宇称守恒的真理！

1956 年 5 月初的某一天，中国旅美理论物理学家杨振宁（布鲁克黑文国家实验室）和李政道（哥伦比亚大学）正在纽约一家中餐馆就餐。他们当时在讨论宇称守恒，怀疑宇称在物理学中应该是守恒的，但是除了一种叫做 β 衰变的辐射过程，该过程由弱作用力主导。所以，他们推测,对于弱相互作用现象而言,镜像世界和我们的世界并不一样,即弱相互作用中宇称不守恒。然后,为了验证他们的猜想,他们提出了若干种实验。杨振宁和李政道在《物理学评论》(*Physical Review*)上发表了他们的理论文章,但是并没有引起同行们的高度关注。大家不愿意相信大自然会在某种程度上破坏某种人们认定的对称性。

由于他们的想法备受冷落,他们感到十分沮丧。后来,杨振宁和李政道把论文寄给了泡利,期望得到他的支持,然而据说泡利把文章扔掉了。他不相信宇宙中会有镜像对称性的破坏,也不理解为什么弱相互作用会具有和自然界中其他三种相互作用不同的作用形式。当麻省理工学院的物理学家韦斯科普夫(Victor Weisskopf,1961—1965 年担任 CERN 负责人)问他怎么看这个新理论,泡利给他回信说:"我不认为上帝是一个羸弱的左撇子。"——这里"羸弱的"指弱相互作用,"左撇子"指宇称破缺。泡利然后还补充道,他将为此下一个高额的赌注,借此反对这个新理论。[7]

实验物理学家也不愿意做杨振宁和李政道文章中提议的检验宇称破缺的实验,因为这些实验的测量实现起来十分困难,需要强辐射源和格外精确地测量。但是,不知怎么地,杨和李说服了一位华裔女性实验物理学家去做一个具有代表性的实验。她就是吴健雄,生于上海,任职于哥伦比亚大学,大家亲切地称呼她为吴女士。

吴健雄和她的合作者着手设计并搭建一个钴 60 原子的实验。钴元素具有放射性,产生 β 衰变。将钴原子核成排地置于磁场中,它们的自旋方向就会呈现一致性。β 衰变时,原子核放出电子。吴健雄的实验目标是探测电子的射出方向,以此来分析电子是否随机射出,是否存在优先方向。假如存在这样一个优先方向,那么镜像反射对称性就被破坏了(宇称不守恒)。在实验中,钴原子核被冷却至极低温度以规避它们的震动,同时外加了一个磁场以控制它们的自旋。在这种情形下,如果宇称守恒,电子放出的过程应该与镜像实验中看到的一样。

当研究人员分析 β 衰变中电子的出射方向时,惊奇地发现出射方向没有对称性:某个特定方向优先于它的镜像方向。这一发现表明宇称不是一个守恒量——弱衰变过程的镜像与初始过程不一致,正如杨振宁和李政道预言的那样。吴健雄实验的成功促成了杨和李获得1957年的诺贝尔物理学奖,他们创造了最短获奖纪录——不到一年。不过,许多物理学家对吴健雄未能分享诺贝尔奖表示失望。

泡利得知这个实验的消息后,感到很丢脸。看来他敏锐的物理直觉辜负了自己。他写信给韦斯科普夫说道,他最终接受了上帝是个"羸弱的左撇子",而且得知吴建雄的实验结果之后,他曾一度感到"坐立不安,行为反常"。[8]之后,他在给玻尔的信中写道:"讣告:宇称,女,我们多年的好朋友,在经受短暂的实验处理之后,于1957年元月19日轻轻地走了,永远地离开了我们。签名:电子、μ子和中微子。"[9]

与吴建雄实验类似的实验也由另外两组人通过测量μ子完成了:他们是加尔文(Richard L. Garwin)、莱德曼(Leon Lederman)和温里克(Marcel Weinrich),以及杰罗姆·弗里德曼(Jerome Friedman)和泰莱格迪(Valentine Telegdi)。μ子可以说是电子的兄弟,但更重。两个组的研究结果(均发表于1957年)显示电子的出射确实存在优先方向,确认了吴建雄及其团队最先发现的宇称破缺现象。2010年2月15日,来自布鲁克黑文国家实验室的科学家报道称:他们将金原子核加速到光速的99.995%,然后对撞碎裂,最后发现夸克—胶子等离子体中含宇称破缺的小簇团。看来,在宇宙早期炽热的环境下,也就是布鲁克黑文加速器所能达到的约4万亿摄氏度环境下,夸克和胶子的行为也不遵守镜像对称性(宇称守恒)。[10]

不过,仅由宇称破缺还不能解释宇宙的反物质消失之谜。多年来,其他实验已经表明,如果电荷反转,世界就不再是我们现在这个样子了。但是,另一个特别重要的问题又出现了,是否宇称和电荷共轭同时破缺?因为,这将表明物质和反物质的确是不同的:它们具有不一样的行为。所以,为了发现物质和反物质行为的最根本的不同,我们需要研究 **CP 破缺**。

1964年,在布鲁克黑文国家实验室工作的克罗宁(James Cronin)和菲奇(Val Fitch)证明中性K介子的衰变破坏CP对称性,这表明反物质的行为与物质并不严格一致。不过,差异程度很小——K介子CP对称性破缺仅为千分之二。如此小的差异不足以导致宇宙中反物质的消失。

位于CERN的LHCb合作组应用一个高精度的独特的探测器寻找CP破缺的过程。如果发现显著的不同(大于已知的微小CP破缺),他们就可以解释为什么早期宇宙中物质战胜了反物质。不过,LHCb项目仅是CERN揭开反物质之谜的一系列研究的最新进展。15年前,CERN就已经开始研究反物质之谜了,那时CERN的科学家们开始做生成反氢原子的第一个重要的实验。

CERN的低能反质子环(LEAR)被用来产生反质子,然后以氙气为靶,进行打靶实验。碰撞过后,产生了正电子,一些正电子与反质子结合生成反氢原子——人工制造的第一种反物质的原子。反氢原子不再携带电荷(注意:独立的正电子和反质子都是带电的),所以它们不会被磁场约束在真空的探测仪器的中心,而是漂移到仪器边缘。在那里它们与常规物质相遇,发生**湮灭**(因为正电子碰到物质中的电子发生湮灭,反质子遇到任何原子核里的质子也发生湮灭)。由于湮灭数量有限,所以产生的能量很少,因此起不到任何破坏效应。不过,当这些反原子自由飞行时,也就是自我毁灭之前,科学家便可以研究它们的性质。

由于氢是宇宙中最常见的元素,占所有已观测物质的75%,所以比较它和反氢的差异,能帮助我们回答为何宇宙中物质占主导。科学家们首先研究反氢原子中正电子的轨道,然后确定它们的能级,最后与常规氢原子中电子的能级相比较。(氢原子能级已经被研究好几十年了,我们对此了如指掌。)科学家还想知道是否引力在某种程度上区别对待物质和反物质。如果是,这将不仅有助于解决反物质消失之谜,而且还可以解释我们为什么会存在。

CERN 的科学家和其他地方的科学家正在积极地研究反物质，因为他们期待一个能回答大爆炸后反物质消失之谜的答案。换句话说，大家认为这个答案导致了物质为主的宇宙。但是，要是反物质消失的想法本身就是错的，那会怎么样呢？撇开既定的物质和反物质的强烈不稳定，要是确实存在一个镜像宇宙，在那里反物质占主导，会怎么样呢？或者，要是我们居住的宇宙不是唯一的，只不过物质和反物质没有交集，距离足够远以至于根本不会发生湮灭，会怎么样呢？如果我们居住在上述任意一个宇宙当中，那么我们自我陶醉的所有的结论都将是错的，物质并不是战胜了反物质，只不过物质和反物质各行其道而已。

从某种程度上讲，由于受到诺贝尔物理学奖获得者阿尔文（Hannes Alfvén）所撰写的《物质世界—反物质世界》（*Worlds-Antiworlds*）一书的影响，存在反物质世界的想法在 20 世纪 60 年代曾经很流行。他相信天空中我们看到的某些恒星就是由反物质构成的，这些恒星和行星远离我们的世界，隔着广袤的真空地带，仅发生极小的混合，所以不会相互湮灭。

这一概念激励加州大学伯克利分校的斯穆特投身于一个寻找反粒子的实验项目，该项目测量那些到达我们地球附近的反粒子。他和同事们将巨大的气球升空到大气层外层，那里空气稀薄，来自太空的粒子可以容易地与气球所携带的探测器发生相互作用。需要特别指出的是，斯穆特合作组实际上寻找的是反物质原子核：由若干个反粒子组合而成的复合反粒子。这是假定反粒子发射于一个反物质世界，而不是来自于人类的对撞机，因为我们的对撞机，或者放射性物质的辐射过程，只能产生简单的反粒子。

为了探测反粒子，斯穆特的团队设计了一个精致的探测系统，利用液氦冷却超导磁体，然后产生一个强磁场以使入射的带电粒子的轨道发生足够大的弯曲。如果发现粒子留下的轨迹的偏转方向与常规等质量粒子的**相反**，就可以充分证明反物质的存在。[11]

他们利用高空飞行的气球做了好几年实验。从某种意义上讲，研究人员有令人兴奋的发现：一个粒子留下了与正物质粒子方向相反的奇怪轨道。通过计算它的质量，研究人员发现它很像氧原子核，当然它运动轨道与我们的氧核相反。他们为这个非同寻常的粒子命名为"宇宙射线事例 26 262"，以记录该射线事例的胶片编号来标记它。(5 万个事例中只有这一个反粒子事例，记录事例的胶片摞起来有几百米高。)

这个粒子真的是来自外太空的反物质核吗？抑或是一个错误的数据记录？这一问题困扰着斯穆特和团队成员。他们渴望解决这个难题！他们利用先进的统计学理论仔细地分析了实验数据。最后，他们的分析给出"编号 26 262"是一个反氧原子核的概率约为 75%。这已经很棒了。然而，以伯克利传奇物理学家阿尔瓦雷斯(Luis Alvarez)为顾问的专家组告诉他们，75% 的置信度不是一个足够好的置信度。(阿尔瓦雷斯曾经提出著名的恐龙灭绝理论，该理论认为恐龙灭绝于距今 6000 万年前，源于彗星或小行星撞击地球所造成的灾难性打击。)无奈之下，斯穆特和他的同事撤销了这个偶发事例，结束了他们的项目。[12]

2009 年，英国牛津大学的物理学家克洛斯(Frank Close)出版了一本小册子，名为《反物质》(*Antimatter*)，旨在摒除丹·布朗的书和电影《天使与魔鬼》中涉及的虚构情节——反物质可以用于制造湮灭物质的武器。但是，在说明生产出用以制造炸弹的大量反物质会极度困难、会消耗掉无穷的能量，而且还要花费数千年之前，克洛斯先讲了一个 100 年前发生的大爆炸的故事。[13]

1908 年 6 月 30 日上午 7 点 17 分，俄罗斯西伯利亚，在距离最近的城市超过 805 千米的通古斯(Tunguska)地区，当地人听到了巨大的爆炸，看到了一个巨大的火球划破长空，其亮度和太阳相当。大爆炸导致通古斯河附近超过 2000 平方千米内的树木被焚毁倒下，数千棵树木被冲击波连根拔起。当地地广人稀，零星的几处农舍损毁严重，高温致使部分房屋内的银器融化。[14]整头整头的驯鹿被蒸发掉，森林历经 30 多年仍不能恢复。

爆炸发生后的几个月，欧洲大部分地区出现了白夜现象——据亲历者回忆，他们可以借助夜空反射的昏暗光线看书。最近的科学估计显示，此次爆炸的威力相当于1500万吨TNT炸药，是30多年后广岛原子弹爆炸能量的1000倍。爆炸如此巨大，以至于北美大部分地区都能听到，例如芝加哥；从美国南部到加拿大大部分地区都能看到爆炸发出的闪光。

但是，这一巨大的爆炸（发生于原子弹被发明前约40年）有一个令人惊讶的特点：居然没有陨星坑！这意味着爆炸不是重物撞击所致，比如小行星或彗星撞击地球——就像月亮上的陨星坑。[15]

1965年，美国的诺贝尔化学奖获得者利比（W. F. Libby，发明了碳14测年法）、科温（Clyde Cowan，中微子的发现者之一，他过世后20年，中微子的发现才获得诺贝尔物理学奖）和阿特勒瑞（C. R. Atluri）携手在《自然》上发表了一篇文章。他们提出了一个理论，认为通古斯大爆炸是由来自太空的反物质与地球上的物质湮灭造成的。他们是通过分析树木中碳14的含量得出上述结论的，因为他们发现大爆炸发生后的第二年，1909年，树木中碳14的丰度与大气层中的丰度不同。三位科学家声称这一结果与正反物质湮灭产成的辐射相吻合。[16]

后来，其他科学家纷纷质疑这个理论，现今主流的观点认为小行星或彗星撞击才是大爆炸的真凶；一些人甚至还在事发地一段距离之外发现了陨星坑。[17]但是，没有人完全知道通古斯到底发生了什么。

阿尔法磁谱仪（Alpha Magnetic Spectrometer，缩写为AMS）是一个硕大的超导磁体探测器，安装在国际空间站上，与LHC类似，不过尺寸要小很多。AMS项目旨在研究宇宙射线、搜寻暗物质和寻找反物质。科学家们之所以将昂贵的磁体探测器以及必备的液氦送入太空，是因为至少某些科学家依然慎重地考虑宇宙中存在反物质构成的恒星或行星的可能性。他们继续寻找反物质存在的证据，反过来说，如果找不到，便可以彻底排除反物质存在的可能性。2006年，欧洲宇航局发射了一颗名为 PAMELA(Payload for Antimatter Matter Exploration and Lightnuclei Astrophysics,意为"用于反物质/物质探测和轻核天体物理学的卫星装备")的卫星,目的之一就是寻找来自太空的反物质。

不过,还有许多科学家,首先假定所有恒星和星系都由物质而非反物质构成,然后再做科学研究。如果所有的一切确实由物质构成,而且大爆炸真的产生了等量的物质和反物质,那么反物质在哪儿?大爆炸之后,它跑到哪里去了?

LHCb 探测器中的"b"表示重的 b 夸克(底夸克),英文名称是"beauty quark"或"bottom quark"。LHCb 旨在寻找如下问题的答案:是否反物质明显与物质不同,以至于物质最终战胜了反物质?LHCb 合作组通过分析 B 介子衰变来研究 CP 破缺。与 LHC 上另外三个探测器不同,LHCb 探测器安放在入射质子束流附近,不覆盖大方位角,这是因为正反 b 夸克飞行方向与质子束流十分靠近。

在宇宙诞生后的一千亿分之一秒时,宇宙中正反重夸克对不断产生和湮灭(正反夸克对湮灭),循环往复。这种重夸克就是 b 夸克,或

**图 5.1** LHCb 探测器示意图[林德(Rolf Linder)供图]

者叫底夸克或美夸克。它还存在于B介子当中。LHC中高能质子对撞后的产物中含有一定数量的正反b夸克(存在于B介子中)。因此,LHC可以模拟大爆炸后的正反粒子的产生。LHCb探测器用来测量这些粒子及它们之间的相互作用,合作组期望通过这些测量数据可以测量到正反物质之间的比已知更大的不对称性。这样,我们就可以知道为什么物质胜出(如果事实真的是这样的话)和为什么我们在这里问这样的问题。

第六章

# 费恩曼和标准模型的序幕

狄拉克推导出了狭义相对论和量子力学相结合的方程,即著名的狄拉克方程。狄拉克方程标志着量子场论(quantum field theory)的诞生。此后,在现代物理学中,粒子本身及粒子之间的相互作用都用场来表示。首要研究的场当属电场和磁场,苏格兰物理学家麦克斯韦(James Clerk Maxwell)在19世纪已将电场和磁场统一为电磁场。

如果我们回想一下儿时玩的磁场,场的概念就变得直观了。假如你在一张纸下面放一个条形磁铁,纸上撒上铁屑,你立刻就会看到铁屑以磁铁一端为起点,以另一端为终点,一行一行排成美妙的图案。你所看到的图案就是条形磁铁磁场的肖像。

爱因斯坦小的时候,父亲把一个指南针送给他作为礼物。爱因斯坦发现有一个看不见的力拉着小磁针指向北极,对此他感到格外好奇。多年之后,作为一名年轻的科学家,爱因斯坦将场的概念用在了自己的工作当中。他的广义相对论理论(有关质量产生**引力场**的理论)就是物理学中最重要的场论之一。在爱因斯坦引领下,今天物理学中最有用的理论就是场论。

从“场是大自然的基本要素”的概念出发,科学家们发展出了量子

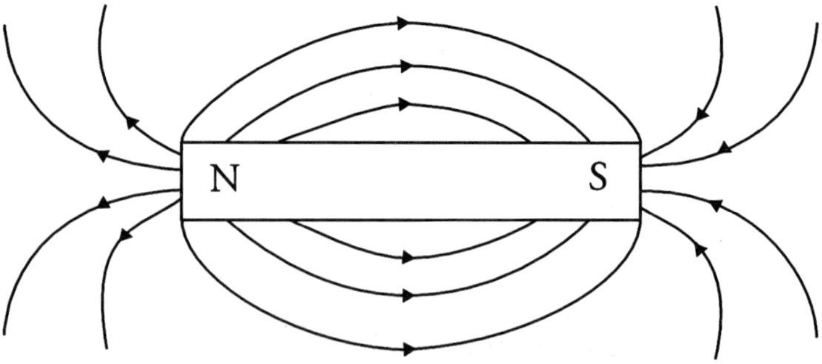


**图 6.1** 磁铁周围的磁场

场论。如今,量子场论是描述粒子物理学的最先进的理论。量子场论中的场既满足量子力学的基本原理(态叠加原理、波粒二象性和量子化),又遵守爱因斯坦的狭义相对论(任何物体速度不能超过光速、质量和能量等价)。[1]

场能**被激发**。把场想象成一个床垫,有人在上面蹦蹦跳跳。场的激发产生了**波**——类似于弹簧振动沿着床垫传播。根据量子力学理论,波是粒子,粒子也是波,所以场的激发就产生了粒子。然而,在量子场论中,狭义相对论告诉我们,能量和质量等价。这一等价使得场激发所得到的能量有转变成质量的可能性,因此就会产生**有质量的**粒子。[2]与独立的量子力学不同,量子场论竟然可以**产生和湮灭**有质量的粒子。在 LHC 上,粒子碰撞产生能量,能量激发场,进而产生有质量的粒子。对撞机产生的能量越大,产生的粒子的质量也就越大。

我们所知到的基本粒子都是**标准模型**的成员。正如前文曾经提到过的,标准模型是物理学中非常成功的理论,以量子场论为基础,能出色地描述粒子的行为。该模型历时约 10 年才得以建成。第一个成功的量子场论由费恩曼(Richard Feynman)、施温格(Julian Schwinger)和朝永振一郎(Sin-Itiro Tomonaga)分别独立完成。这就是量子电动力学(theory of quantum electrodynamics,缩写为 QED),描述电子和光子(photom)之间的相互作用。它之所以非常重要,是因为它解释了最常见的粒子——电子——和电磁场之间的相互作用，作用力的介质粒子就是我们熟知的光子。这一理论为粒子物理学标准模型的建立奠定了基础。标准模型涵盖我们所知到的所有物质粒子（以及反粒子）和传递作用力的粒子（玻色子）。

费恩曼是一位久负盛名的美国物理学家。许多人通过费恩曼的畅销书和讲座熟悉了这位传奇人物。作为一名物理学家，他的传奇还包括玩手鼓、破解保险柜密码、催眠、泡吧等。费恩曼的访谈录里有许多他的奇闻趣事。

费恩曼小的时候，有一次，父亲把他放在一个高椅子上，把浴室装修用的五颜六色的瓷砖摊开在他面前，让他按规定的顺序排列：蓝色后面放白色，白色后面接蓝色。费恩曼回忆说："从那时起，我开始用图像思考问题，感觉这非常有趣。这个游戏之后不久，我就能拼接非常复杂的图案了。"当费恩曼大些以后，他在父亲的书架上看到了一本代数书，就问父亲代数是什么：

他说，这是用来解决数学问题的。这个我记得很清楚："这是一种解决算术不能解决的问题的方法。"我问："比方说呢？"他说："比方说，一座房子和一个车库租金共15美元。车库租金是多少？"我回答说："可是，你根本没法算啊！"他只给了我那个解释，没告诉我代数具体是什么。[3]

费恩曼保持着对数学的强烈兴趣。他大学阶段就读于麻省理工学院，在那里主修数学专业。然而不久之后，他对数学的兴趣发生了动摇，因为他发现纯粹的数学太过抽象。于是，他找到了系主任，问道："高等数学除了用于讲授之外，还有什么用？"系主任觉得这种看法很无理，对他说："问这样问题的人不适合学习数学。"随后，费恩曼还考虑过学习工程学，最后他选择了物理学。在这里他找到了自己的真正事业。

有一次费恩曼放假回家,他的父亲询问他的学习情况,情景如下:

他说:"好,小伙子,我为你启蒙了科学,送你到麻省理工学院学习。所以,你回来应该教给我些什么。"又说道:"我有一个问题始终搞不明白,我想让你给我讲讲。"

我问:"什么问题?"

他说:"他们说到激发态的原子能放出光子,光子像粒子一样。"

我说:"是的。"

他说:"这个粒子(指光子)事先不在原子当中,啊哈?事后也不在原子里,啊哈?但是,它确实跑出来了。这是为什么?"

我说:"老爸,我也不知道!"

他说:"我感到很困惑。这些年我一直在想这个问题。"

我绞尽脑汁想了想,回答道:"这好比盒子里放出声音。声音事先本不在盒子里,但是它却出来了。"

他说:"对了,这是振动产生的能量?对对对,能量以光子的形式跑出来了。可是,光子是一个粒子,不是吗?"

我说:"某种程度上来讲,光子是粒子,仅是某种程度上讲。"

他说:"那好,努力吧!"

这个问题是一个量子电动力学的具体例子,后来正是费恩曼给出了量子电动力学的完整解释。

1939年,费恩曼从麻省理工学院毕业,然后到普林斯顿大学攻读博士学位,师从著名物理学家惠勒(John Archibald Wheeler)。他在惠勒指导下完成了一篇优秀的博士论文。这篇论文延拓了狄拉克早期的理论,创造了量子力学中常用的路径积分(path integral)方法。路径积分方法需要考虑粒子移动过程中所有可能的路径。每条路径都有各自的概率,通过收集所有路径的信息就可以研究相应的物理过程。

几年之后,我采访了惠勒。当我问他费恩曼在路径积分方面的工作时,他回忆到,他对费恩曼的工作感到非常兴奋,还为此跑到爱因斯坦的家里(普林斯顿默瑟街112号),向他介绍这位了不起的年轻人。当爱因斯坦还在仔细阅读费恩曼的论文时,惠勒就迫不及待地问爱因斯坦:“是不是非常漂亮?”众所周知,爱因斯坦过去曾反对量子力学,反对量子力学中概率的应用。费恩曼的论文做的恰巧就是这方面的工作,而且还进行了深刻的推广。爱因斯坦看着手稿,沉思片刻,然后说:“我依然不相信上帝会掷骰子。但是,我也有犯错误的权力。”[5]

完成论文后不久,费恩曼准备在物理系的研讨会上报告自己路径积分的结果。当费恩曼在黑板上抄写必备公式时,爱因斯坦走了进来。爱因斯坦看了看黑板,然后问他:“喝茶的地方在哪儿?”费恩曼指给了他。茶室是教授和客人们在报告开始前待的地方。接着,正在普林斯顿访问的泡利也来了,他也走进了茶室。没过多久,费恩曼的报告就开始了。

费恩曼描述了报告结束后所发生的事。

报告刚结束,泡利就站了起来。他的座位紧挨着爱因斯坦。他说:“我认为这个理论是错的。因为,这个……那个……”他的问题太糟糕了,我想不起来他都说了些什么。他或许敲了桌子,很不幸,我不记得他说了什么。我想我是太紧张了,所以听不清他说的话,而且我不懂他的质疑。泡利批评完后,问爱因斯坦:“你也不同意吧,爱因斯坦教授?”爱因斯坦说:“不,我支持费恩曼。”他柔和的德国口音让我很开心。[6]

这时,惠勒站起来,解释了所有的疑点,回答了泡利的质疑。很明显,费恩曼所做的工作是物理学理论方面的一大进步。他发明了一套重要工具,可以计算量子力学中先前难以计算的物理量。在之后的数十年里,这套方法得到了广泛的应用。粒子之间相互作用的计算经常用到费恩曼发明的工具。但是,他后来做的工作更了不起。

第二次世界大战期间，费恩曼参加了曼哈顿计划(Manhattan Project)。二战后，他重回学术界，任康奈尔大学教授。初次来到康奈尔，当他在一个休息室里睡觉时，“猛然间，我意识到：我是一名教授！”[7] 事实上，他成为了一位极受欢迎的教授，完全停止了物理学研究，专心教书。他对理论研究失去了兴趣。

后来的一天，一个偶然事件让费恩曼重新回到物理学的前沿。

我像往常一样在自助餐厅吃饭。我习惯在学生自助餐厅用餐，因为我很喜欢看女生。一个小孩把飞盘扔向空中。你应该知道孩子们是什么样。那个康奈尔的飞盘的边缘有一个蓝色的徽章。他把飞盘扔向空中，飞盘平稳地飞着，微微地摇摆。这时候，上面的蓝色徽章绕着飞盘旋转。摇摆和飞行看起来是相关的。所以，我想知道，它们之间的关系是怎样的呢？飞盘每转一周，摇摆多少次？[8]

费恩曼从数学角度研究了这个问题，他发现当摇摆不强烈时，摇摆完成一次，徽章转两圈。他觉得“这很漂亮，是一个很好的关系，2 比 1”。[9] 不过，他想知道这个结果背后的更多的理论基础。

为此，费恩曼那天下午冥思苦想、推导方程、画图、分析作用力，最后得到了一种解释飞盘运动的方法。之后，他跑到系主任汉斯·贝特(Hans Bethe)的办公室，说：“嗨，我发现飞盘运动非常有趣。”然后做了详细的解释。贝特反问道：“但是，这有什么重要性吗？”费恩曼说：“汉斯，它没有任何重要性。我不关心一件事是否重要。它是不是很有趣？”贝特说：“是很有趣。”[10]

虽然费恩曼没发现这有什么重要的应用，但是旋进的、摇摆的飞盘使他联想到了一个古老的未解决的问题——自旋的电子。他还想到怎样用他发明的“路径积分”在量子力学里表示自旋。这使费恩曼又回到了重要物理问题的研究工作中，而不只是因为好玩。他回忆道：“这仅仅打开了那扇门。”[11]

费恩曼在普林斯顿期间的早期工作中研究过电子自旋，当时他还在惠勒指导下做研究。但是，当他把这些结果拓展到高维时，无穷大出现了（粒子物理学的灾难），**重正化**（renormalization）应运而生：把非物理学的无穷大从数学计算中拿掉的理论过程。

1946年，费恩曼受邀在他的母校（普林斯顿大学）建校200周年的会议上演讲。这是一次迥然不同的会议，因为听众里既有科学家又有高中老师。那时，狄拉克也是一位报告人，费恩曼负责介绍狄拉克。当狄拉克演讲完后，费恩曼试着把狄拉克的专业性很强的报告介绍给高中老师，但是他的解释彻底失败了。

后来他发现玻尔也在听众席上。费恩曼描述了接下来发生的一幕：

> 后来，玻尔站了起来，说："费恩曼讲了好多笑话，但是除了笑话，我们还有更重要的问题需要在这个场合讨论。"……后来，他做了一些我认为十分荒谬的评论，诸如我们理论得到的无穷大都抵消掉了，应该有更多的粒子——有质子、有介子、有正号、有负号、有正无穷大、正能量和负能量，等等，最后它们都要加起来，因此最终没有了任何问题。
>
> 我本能的反应是，他很荒唐。当然，确实很荒唐。所以，我不喜欢那些评论。他们坐在那里深表忧虑，互相讨论着；我看着窗外。整个过程中，狄拉克先生没搭理任何人，走了出去，先坐在草地上，然后躺下，用胳膊肘支着头，望着蓝天。[12]

玻尔对于无穷大的解释令费恩曼很不开心，费恩曼继续重正化他的电动力学理论——试图去掉方程的无意义的无穷大解。贝特和施温格当时也在研究这个问题。费恩曼开发了自己的计算法则，一种很容易和其他方法相对比的法则。

后来，在波科诺山召开了一次重要的物理学会议。施温格计划介绍他的计算方法，费恩曼打算用自己的方法做同样的计算。由于施温格是一位很有威望的物理学家，这使得费恩曼十分紧张，甚至报告前夜无法入睡。但是，当施温格和费恩曼相遇，相互比对计算结果之后，他们都很开心，因为他们都是对的。

会上，当费恩曼正在介绍他的工作时，听众不停地问他："这个公式从哪儿来的？"还有"你怎么知道它给出的结果是对的？"只有施温格知道费恩曼正在做什么，因为他也做过同样的计算和推导。费恩曼已经发明了一套新的数学工具用以解决这些问题，他命名为"有序算符"(ordered operator)。但是，他必须先证明这套工具如何运用。接下来，他还必须证明他的另一套方法——路径积分方法，也同样适用。对于已有确切答案的问题，费恩曼的两种方法都给出了正确答案。因此他知道这两种方法都是可信的，然后他才应用它们解决新问题。

据费恩曼回忆：狄拉克也在下面，他在报告进行到一半时，举手提问：

"它是幺正(unitary)的吗？"我回答说："我会给你解释，你可以看到它是怎么算的，然后你就可以告诉我它是不是幺正的了。"我甚至不知道"幺正"是什么意思，所以我有点躲着他。但是，你知道，我们还会讨论这些问题。之后狄拉克还会继续问："它是幺正的吗？".

我反问道："什么是幺正的？"

他说："把我从现在这个地方搬到未来地方的矩阵元。"

我回答说："我没得到任何移动我到未来位置的矩阵元，我随着时间向前向后再向前。所以我不知道。"[13]

狄拉克不是唯一一位不能理解费恩曼的创新的人。玻尔也在会场，他也不理解。具有讽刺意味的是，在近代物理学史上，这两个伟大的头脑都曾经发展出了自己的理论，他们的理论如此超前以至于当时老一辈的科学家都不能理解。现在，他们两位也在面对一位青年新星的创新工作。

费恩曼那时已经在用现在称为“费恩曼图”的工具了。费恩曼图中一维用于表示空间，另一维表示时间（因为纸面只有两维），可以既清楚又直观地描绘粒子的运动和相互作用。费恩曼发明这些图是用来解释量子电动力学的，但是它们在粒子物理学的任何地方都特别有用。例如，在LHC碰撞过程中，粒子间的所有相互作用都可以用费恩曼图很好地表示。

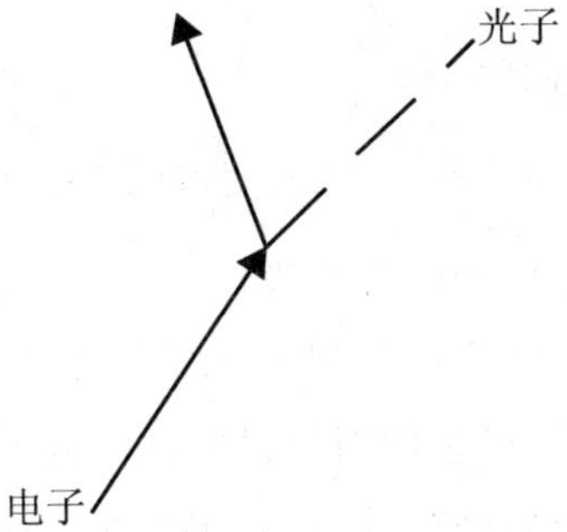

**图 6.2** 一个电子的费恩曼图

量子电动力学是关于电子和光子相互作用的理论。这里给出的第一个费恩曼图描绘了量子电动力学中的一个基本的相互作用。图中，电子在空间中运动。请注意，水平方向表示空间，而竖直方向表示时间。在某一时间点（电子空间—时间路径的拐点处），电子改变了方向，并且放出一个光子（长虚线）。

第二个费恩曼图给出了两个相互靠近的电子的相互作用。在某一时间点，它们交换了这个光子：一个电子发出一个光子，另一个电子吸收了这个光子，然后两个电子改变方向后继续飞行。

这两个费恩曼图可以非常清晰地描述量子电动力学的相互作用。对于物理学家来讲，它们也是表示某一物理问题中对能量和其他参量进行复杂计算的工具。它们把物理过程图像化，从而简化了物理学家的思考。

1965年，费恩曼与施温格、朝永振一郎（独立发展了量子电动力学）一起荣膺诺贝尔物理学奖。现在物理学拥有了一套计算电子与电

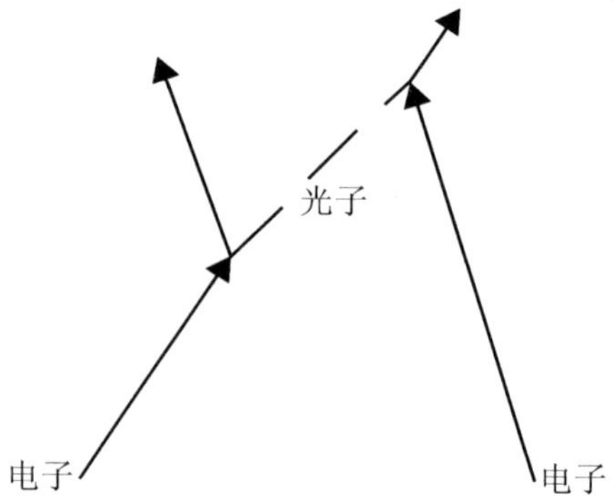


**图 6.3** 两个相互靠近的电子的费恩曼图

子或电子与光子相互作用的完整理论。

在瑞典斯德哥尔摩举行的诺贝尔奖颁奖典礼上,费恩曼做了一个和他工作相关的演讲,可是他对自己的演讲并不满意,或许是觉得嘉宾听不懂他的理论。他的理论让卓越的物理学家都感到迷惑,更何况坐在台下的是物理学的门外汉。费恩曼、施温格和朝永振一郎的演讲结束后,有一场为新晋获奖的科学家举办的很正式的庆祝舞会。费恩曼决定在舞会上放松一下,好好玩。他回忆起自己的恶作剧:

后来在舞会上——就像你看到的那样,我需要放松一点,不能太拘谨——我向一个特别漂亮的女生抛了好几次媚眼。舞会间歇时,我又看到了她。我走了过去,问她可否一起跳支舞。她说:"好啊!"然后我们一起跳舞。她跳得非常好,我们狂热地跳着,玩得很开心。我和她跳了很多舞,忽视了其他贵宾的存在,比如公主,等等。我必须要说的是,这非常好玩,因为在瑞典所有的事都被安排好了。当我和妻子、诺奖得主的女儿们跳舞时,他们一直在拍照——咔哒,咔哒,咔哒。可是,当我和这个小女生跳舞时,跳舞的时间两倍于其他人,没有人拍照!什么都没有。报纸上也没有。很明显,他们遮掩了诺奖得主们的怪癖行为。[14]

斯德哥尔摩之旅结束后,费恩曼来到了日内瓦,访问他在 CERN 的朋友们。在那儿,他又报告了一次他的工作。相比于诺奖典礼上的那个报告,这个报告效果要好很多。

在日内瓦,我的演讲非常好,因为他们都是我的朋友。他们想听我要讲的东西,适时发出笑声。我的意思是,你从他们的脸上能看出他们对我要讲的东西非常感兴趣,从他们发出的笑声中也能感受到这一点。相比于瑞典那个特别的演讲,我认为我在这里做得好多了。我自己也很满意。我的报告很顺利,因为我和朋友们在一起。[15]

可以看出,费恩曼在 CERN 的朋友们如此喜爱他的工作,以至于实验室的某些理论家马上开始推广费恩曼图的思想。这种情况不同寻常。

1977 年夏天的一个傍晚,三位 CERN 的年轻物理学家下班后来到一家酒吧,他们边喝啤酒,边讲笑话,其中有一个笑话跟企鹅(penguin)有关。大家都笑了,然后其中一位向其他人挑战飞镖游戏。富兰克林(Melissa Franklin,哈佛大学教授)开始和埃利斯(John Ellis,英国粒子物理学家,目前 CERN 一位重要的理论家)比赛。大家还在为那个企鹅的笑话发笑,不知怎么的,他们当中有两个人达成一致:如果埃利斯输了,他的惩罚就是把"企鹅"这个单词用到他下一篇发表的文章中去。富兰克林没有完成比赛就离开了,鲁德兹(Serge Rudaz)接替他继续和埃利斯比赛,并最终战胜了埃利斯。所以,准确地说,富兰克林并没有赢。不过,埃利斯觉得他需要履行对富兰克林的承诺,把"企鹅"一词用到下一篇文章中去。

但是,他要怎么做呢?在那之后,他与加亚尔(Mary K. Gaillard)、纳诺普罗斯(Dimitri Nanopoulos)和鲁德兹一起研究底夸克的性质。底夸克是粒子物理中的基本粒子,很容易发生衰变,那时刚刚由费米实验室通过一个很重的 B 介子而发现。埃利斯、加亚尔和查诺维兹(Michael Chanowitz)当年春天已经预言了它的质量,那时它还没被发现。

所以，埃利斯的下一篇文章要继续研究底夸克。在一篇研究夸克的论文里，“企鹅”怎么出现呢？

正如埃利斯后来描述的那样，“在很长一段时间里，我都不知道怎样把这个单词用到我们正在撰写的b夸克文章里。后来，有一天晚上，我从CERN下班后，在回公寓的路上决定拜访住在梅林的几个朋友，在那里我吸食了一些违禁的东西。后来，当我回到公寓后，继续写我的文章。我脑海里突然想到著名的B介子衰变的费恩曼图看起来就像一只企鹅。这样我就把这个名字用到了我们的文章里，剩下的都是人尽皆知的历史了。”[16]

对于为何采用“企鹅”一词（从此，这个术语开始出现在物理学的文献中），埃利斯在论文里含蓄地说明了原因。他在论文的比较奇怪的致谢中说到，感谢富兰克林的“有用的讨论”。[17]最基本的费恩曼图，如前面给出的那两个，看起来像一棵树（物理学家叫做“树图”）。但是，在更复杂的问题中，费恩曼图中会有一个圈。费恩曼图含有一个封闭圈以及入射和出射的弧形外腿，看起来特别像一只有着圆圆的肚皮、翅膀和双腿的企鹅。为了直观起见，埃利斯给我们画了一张示意图。

**图6.4**　埃利斯正在黑板上画一幅企鹅图，地点是CERN（图中所有的字母都表示基本粒子）

企鹅图对描绘B介子衰变特别有用。如上一章所述，位于CERN的LHCb合作组旨在通过分析B介子衰变解决反物质消失之谜。所以，企鹅图对解决反物质消失之谜也非常有帮助。但是，埃利斯曾告诉过我，企鹅图在分析超越标准模型的现象时也非常有用——特别是在寻找超对称模型所预言的粒子时。



费恩曼、施温格和朝永振一郎的理论很好地解释了电子和光子之间的关系。光子是量子电动力学中电子之间相互作用的介质，是玻色子。但是在量子电动力学中，就像粒子物理学的其他领域那样，大自然的常量的值没有得到解释。这些常量的值包括粒子的真实质量（不确定度很大，原因不明）和其他物理参量。

例如，在粒子物理学中，相互作用的强度被称作耦合常量（coupling constant）。它在描述物理现象时扮演着重要的角色。量子电动力学的耦合常量又叫做精细结构常量（fine structure constant）。从20世纪初到现在，科学家们为了"阐释它的意义"付出了艰苦的努力。因为它的数值非常接近1/137（它的确切值是1/137.035 999 070）。许多知名的物理学家曾经试图理解为什么它的倒数如此接近整数137。

在贝肯斯坦（Jacob Bekenstein，希伯来大学教授）的 文章《精细结构常量——从爱丁顿的时代到当代》（*The Fine-Structure Constant: From Eddington's Time to Our Own*）中，他说：

我记得在读大学的时候，有一个精细结构常量的故事。泡利死后来到天堂。上帝接纳了他，领着他参观。上帝问："你住在这里。有什么问题吗？""有，"泡利说，"为什么精细结构常量的倒数如此接近137？"上帝递给他一个很厚的包裹，说道："哈，读读我的预印本，这里我给出了详细的解释。"[18]

在费恩曼关于量子电动力学的著作《量子电动力学——光和物质的奇妙理论》（*QED: The Strange Theory of Light and Matter*）一书中，他讲了如下一段关于精细结构常量的话：

自从50多年前精细结构常量被发现以来，它就一直是个谜。所有优秀的理论物理学家都把这个数挂在自家的墙上，惦念着它。你想马上就知道这个耦合常量从哪儿来:它和 π 有关系吗?或者,它和自然对数的底有关系吗?没人知道。它是物理学中最神秘的谜,一个具有魔力的数字,我们对它一无所知。你可以说"上帝之手"写下了这个数字,但"我们不知道他是怎么下笔的"。[19]

电磁相互作用决定了全部的化学现象。因为电子和电子,以及电子和核子的相互作用都是电磁相互作用。不过,电子也有亲戚——具有相同性质的粒子。它们都属于同一个大家庭,叫做轻子。轻子还可以通过另外一种力——弱作用力——与其他粒子发生相互作用。我们在后面会见到它。

## 第七章

# “是谁安排了这一切?”——发现跳跃的轻子

早在19世纪,确切地说是1898年,J. J. 汤姆孙发现了电子。将电子称为基本粒子意味着它没有内部结构,其内部没有组成成分,原则上是一个几何点,不占据体积。它具有负电荷,定义为-1。[1] 现在我们认为电子属于轻子家族,“轻子”的英文lepton源于希腊语,表示“瘦小的”。轻子是能够自由运动的粒子,相反夸克则是禁闭在质子、中子、介子内部的粒子。我个人倾向于将轻子称为“跃子”(leap)。

理论预言的下一个轻子家族的成员是中微子。1930年泡利研究了费米关于β衰变的实验结果,β衰变是原子中的核子发射电子的一种衰变过程。泡利的计算结果使他意识到在这种衰变过程中存在质量丢失,即粒子总质量、能量衰变前后之间存在一个很小但可测量的差别。泡利坚信物理过程中能量守恒,因此他猜想在这种衰变过程中产生了一种尚未被探测到的非常轻的新粒子。即它的质量极小,而且呈电中性,对应了反应中丢失的能量。有了这个新粒子,所有的一切就能很好地相加求和,能量也能完美地守恒。

泡利采用一种非同寻常的方式将其理论发现向世界宣告。他把自己的预言写进了一封稀奇古怪的信,收件人地址是“放射性女士和先生”，即1930年在德国图宾根大学举行的物理学大会的放射性分会的与会者。泡利的信，日期为1930年12月4日，宣布了他对新粒子存在的预言，鼓励大会的与会者通过辐射实验寻找它。显然，泡利决定写这封信，而不是在提交的论文中宣布自己的发现，原因是他自己无法参加这次物理学大会，而去参加在苏黎世的鲍尔湖酒店举办的时尚舞会。[2]两年后，在查德威克通过实验发现中子（一种大得多的粒子）后，费米（Enrico Fermi）命名了泡利假想的粒子——中微子（neutrino，可能是意大利语中对中子neutron的昵称）。“中微子”就是“小中子”。

泡利的“放射性女士和先生”谁也没有发现他在理论上预言的新粒子。然而1956年美国物理学家柯万（Clyde Cowan）和莱因斯（Frederick Reines）戏剧性地从核反应堆中发现了它，从而确切地证实了泡利的猜想。现在我们认识到，β衰变是原子核中的中子转变为质子，同时产生了电子和反中微子（antineutrino）。从更本质上说，是中子中的一个下夸克（down quark）转化成一个上夸克（up quark），从而使得中子转化为质子，伴随产生电子和反中微子。

电子与反中微子是相互关联的，由于它们在费米β衰变过程中相互关联。支配β衰变的作用力称为**弱核力**，或简称为**弱力**。将中子转变成质子，同时伴随产生电子和反中微子的粒子相互作用，称为**弱相互作用**。这种反物质出现的过程展示出反物质是如何在物质为主导的宇宙中产生的。中子直到1932年才被发现，而夸克的存在是在30年以后才被提出的。

中微子来自宇宙空间，而其中大部分来自太阳的核反应过程。正如柯万和莱因斯实验中所显示的，它们也可以在核反应堆中大量产生。1956年中微子的实验发现引起科学界的极大震动。中微子能够自如地穿过物质。由于中微子非常轻，而且不带电荷，所以不与物质发生电磁作用。例如当中微子穿过原子时，原子并不释放电子。

为探测中微子，柯万与莱因斯设计了精巧的实验装置。这两位物理学家和他们的合作者假设在核反应堆中会产生大量中微子束流，在反应堆内部靠近辐射源表面,每秒每平方厘米约有数万亿中微子穿过。研究人员使产生的中微子通过一个水箱,在这里部分中微子将与水分子中的质子发生反应。

由于中微子不易与其他物质发生反应,因此需要产生巨大数量中微子的反应堆,从而使得稀有反应事例能够以可观测的数目发生。当反应发生时,反中微子轰击质子,产生中子和正电子,而产生的正电子作为电子的反物质,一旦遇到电子便发生湮灭,产生 γ 辐射。柯万和莱因斯分析了这种 γ 辐射的强度和方向。正是通过对 γ 辐射和产生的中子的分析,柯万和莱因斯发现了中微子。

如果你好奇 LHC 上高度复杂的探测器是如何设计的,科学家如何探测到关于质子对撞中产生的任一种粒子的知识,如何刻画粒子的运动轨迹,以及如何研究粒子的能级和运动方向;答案就在于这个领域内丰富的经验。柯万和莱因斯在 1950 年的实验显示出对于极小极难探测的粒子,他们是如何思考、如何设计碰撞及探测方案的。

需要指出的是,ATLAS 和 CMS 探测器的任何一个部件都不能直接探测中微子。原因在于中微子与其他物质的反应率太小,以至于探测器能够反映这种相互作用的概率微乎其微。对于 LHC 实验,正如 80 年前泡利的假设,中微子的存在是通过粒子反应中能量丢失而推知的,并非通过直接探测(柯万和莱因斯的实验中,中微子产量高出 LHC 实验几个量级,因而可以直接探测)。

我们知道 LHC 实验的两个主要的多用途探测器之一是 CMS。μ 子是电子的堂兄弟,也是一种轻子。μ 子发现于 1936 年,即在泡利提出中微子理论预言的 6 年之后,是柯万和莱因斯确证中微子实验的 20 年之前。μ 子的发现是偶然的,当时并无人意识到这样一个粒子的存在。μ 子是地球大气最高层处宇宙线碰撞的自然产物,即来自宇宙的高速粒子流,通常是质子,与上层大气中原子中的核相互作用。

μ 子是卡尔·安德森所发现的。安德森于 1932 年曾发现了狄拉克预言的正电子，他的工作由其学生、加州理工学院的研究生尼德迈尔(Seth Neddermeyer)协助完成。安德森和尼德迈尔通过径迹在磁场中的偏转识别出 μ 子，同时通过偏转程度确定其与电子具有相同电荷，但质量要大得多。这种实验设计同样反映在 LHC 上。LHC 上的探测器采用强超导磁体，使粒子径迹发生偏转从而能够进行研究。可见 LHC 探测器的设计方法与 70 多年前的实验具有相同理念。

μ 子质量是电子质量的 207 倍(约为质子质量的九分之一)，中微子质量极小，电子质量是其质量的几百万倍。尽管 μ 子如同电子一样带有负电荷，但它可以在物质中不受阻碍地穿透很深。作为基本粒子，μ 子被称为**第二代**轻子。“代”是物理学家用来描述比通常粒子——这里指电子——更重的粒子的术语。

当 1936 年宣布发现 μ 子时，哥伦比亚大学著名物理学家、诺贝尔物理学奖获得者拉比正在纽约的一家中餐馆同一群物理学家聚餐，当有人将发现 μ 子的消息告诉他后，拉比转身对他的同事们惊呼：“是谁安排了这一切?”[3] 这种惊呼是大多数物理学家对发现意料之外的粒子的典型反应。

μ 子不稳定，平均存在百万分之一秒就衰变了。μ 子衰变过程中产生电子、反中微子(即泡利在 β 衰变中提出的那种中微子)以及 μ 子中微子(muon neutrino)——一种新的中微子，我们将在下文谈到。μ 子衰变由弱力支配，这是一种类似费米 β 衰变的相互作用，现在我们知道费米 β 衰变也是弱力作用下的衰变过程。

μ 子的寿命令人困惑不解。如果 μ 子是在大气层上空产生，且其寿命如此之短，如何会有这么多的 μ 子在地球表面被探测到，甚至在地底很深处也探测到 μ 子。其根源在于狭义相对论效应。对于接近光速运动的 μ 子有时间膨胀效应：从我们地球观察角度来看，μ 子运动过程中时间间隔变长，或等价地说，时间变慢。μ 子时钟延缓使得它在衰变前可以通过更长的距离，高速运动的 μ 子寿命是爱因斯坦狭义相对论的一个最好证据。

μ 子那令人惊异的穿透能力在 20 世纪 60 年代晚期[4] 被阿尔瓦雷斯和其同事所做的金字塔研究中加以应用。宇宙辐射产生的 μ 子,穿透 90 米的石灰岩,最后到达放置在贝尔佐尼密室中的探测器,正好在吉萨第二金字塔中心的下方。于是,μ 子显露出这个金字塔的内部结构,帮助科学家解决关于法老金字塔结构的一个长久的谜团。这一技术涉及对从不同角度到达贝尔佐尼密室的 μ 子计数。这个隐匿密室的存在将会缩短 μ 子通过石灰岩的路径,因此增加在某一角度到达的 μ 子数目,因为石灰岩越厚,就会有越多的 μ 子被这一重介质吸收。在勘查的空间,没有发现隐匿的密室,这令那些希望这座金字塔中有内部结构的学者十分惊讶。

阿尔瓦雷斯和同事的研究引发了 μ 子革命性的应用。这些 μ 子来自大自然。X 射线则不同,产生 X 射线需要大量费用,同时 μ 子具有许多 X 射线不具备的性质,X 射线不能像 μ 子那样穿透石头或地球任一点。近期,μ 子技术被用来研究吉萨大金字塔可能的密室。这表明考古团队能够以 μ 子探测技术为工具来研究中美洲金字塔——位于墨西哥特奥蒂瓦坎的大金字塔,同样在伯利兹的玛雅金字塔的研究中也得到应用。这种技术的应用在相关领域中也得到推进:在日本,宇宙射线碰撞所产生的 μ 子用来研究火山,可以确定火山爆发产生的危害的严重程度。[5]

2003 年位于新墨西哥州的洛斯阿拉莫斯国家实验室的科学家提出,利用 μ 子作为探测恐怖分子可能在货物仓中携带企图进入美国的核设备的手段。[6] 地球表面每平方米每分钟落下约 10 000 个 μ 子,这些 μ 子可以作为天然"X 射线"。核禁运品包括极重元素,如铀、钚和铅等,而宇宙 μ 子能够探测这些元素。因此,用于寻找金字塔中的密室、揭示火山中物质密度的相同原理,也可以用于有效研究核材料的装运容器,从而不再需要昂贵又耗时的开箱过程。

1959 年哥伦比亚大学的物理学家在举行星期五下午咖啡会议时,李政道,这位与杨振宁因共同研究宇称破缺而在此前两年获得诺贝尔奖的物理学家,向他的同事提出了一个问题:“怎样才可能研究能量高于这些粒子衰变能量的弱相互作用?”这个组的成员之一施瓦茨(Melvin Schwartz)思考了一下,提出一个有趣的方案:“在粒子加速器中制备中微子,从而研究它们。”[7] 这个提议推进了对中微子的研究兴趣。

费米 β 衰变是弱相互作用的一个例子,中微子可以作为研究弱相互作用的有效工具,就在于中微子参与的几乎唯一的作用就是弱相互作用。中微子不带电荷,因此不会感受到其他带电粒子的吸引和排斥,能够不受电磁场的影响。它们不是夸克,因此也不与胶子发生作用,这意味着它们不受原子核内部强相互作用的影响。最后,中微子的质量是如此之小,以至于引力效应毫无影响。能够观测的中微子参与的唯一作用就是弱相互作用。

在施瓦茨与另外两位哥伦比亚大学物理学家斯坦博格(Jack Steinberger)和莱德曼(Leon Lederman)决定研究中微子的时代,在加速器中精确产生中微子束的实验已经成为可能。这项技术是在 1960 年建成的两台新加速器上实现的,其中一台是在布鲁克黑文实验室附近的变梯度同步加速器(Alternating Gradient Synchrotron,缩写为 AGS),另一台是在 CERN 的质子同步加速器(Proton Synchrotron,缩写为 PS)。

1962 年这三位物理学家利用变梯度同步加速器做中微子实验,他们的结果令人诧异:质子轰击金属层产生 μ 子和中微子,但是物理学家预期的电子没有出现。这只意味着一件事情:伴随 μ 子产生的中微子与泡利所预言并被柯万和莱因斯所发现的是一种不同的中微子。

泡利预言的中微子现在称为“电子中微子”,莱德曼、斯坦博格与施瓦茨新发现的中微子现在称为“μ 子中微子”,这是与 μ 子相关联的中微子,而与电子无关。这个出人意料的发现震惊了粒子物理学界:难以探测、极小且几乎无质量的中微子竟然并非单独存在,而是有一个似乎与其全同但又有区别的近亲! 1988 年这三位物理学家因发现 μ 子中微子而获得诺贝尔物理学奖。

μ 子中微子是继电子中微子之后的第二代中微子,将其定义为第二代轻子是因为其与 μ 子相联系,而 μ 子是继电子之后的第二代轻子(这里并非基于质量定义,μ 子中微子的质量同样非常小,与电子中微子质量几乎不可区分)。

第三代中微子,即 τ 子中微子,2000 年在费米实验室由 54 位物理学家合作发现。莱德曼在发现 τ 子中微子之前十年间一直担任费米实验室主任。当我向他问起 τ 子中微子时,他开玩笑说:"由于我未能发现 τ 子中微子,组委会应该收回我的诺贝尔奖(因为他是 μ 子中微子的共同发现者)。"[8]

τ 子中微子被称为第三代中微子,与类似电子及 μ 子的第三个粒子,即 τ 轻子相联系。质量非常重的 τ 子属于第三代轻子,于 1975 年由佩尔(Martin L. Perl)在斯坦福直线加速器中心发现,因此佩尔 20 年后获得诺贝尔物理学奖。

佩尔出生于纽约,曾在布鲁克林理工学院学习化学工程,这个学院近期与纽约大学合并。佩尔接着在通用电子公司作为化学工程师工作了几年,负责电子管设计。随后几年他从事海运商业,随美国海岸的货船出航。[9] 最终他回到哥伦比亚大学,在一位教授的鼓励下从事物理学研究。

在斯坦福直线加速器中心佩尔的办公室里,他接受我采访时说:"来到哥伦比亚大学之前,我一直自认为是最聪明的人。"然而在哥伦比亚大学物理系,佩尔遇到其他更为聪明的学生和天才。特别是有一位佩尔想与其一道工作的教授,佩尔介绍说:"我一直弄不清我怎么有勇气来做这个,当时我找到拉比教授并问他是否可以让我做他的学生,拉比教授曾获得诺贝尔奖,非常著名。"[10] 拉比同意了,并建议佩尔从事高能物理学研究,对年轻的博士生而言,这是一个大有前途的新领域。

师从拉比,佩尔于 1955 年获得物理学博士学位,并在耶鲁大学、伊利诺斯大学和密西根大学获得职位。他最终选择了密西根大学,因为这里正在发展一个物理学研究计划,他认为这将是一个新的机会,在这里他同气泡室(bubble chamber)的发明者格拉泽(Donald Glaser)一起工作。

格拉泽于1952年在密西根大学发明了气泡室，当时他手里端着一杯啤酒，琢磨里面的气泡是怎样产生的。这个困惑激发了他的灵感，亚原子粒子（核、质子、电子、μ子及其他粒子）通过液体时将使液体产生气泡。[11]于是他以不同种类的饮料做实验：啤酒、苏打水及姜味汽水，但没有一种液体让他探测到离子化效应——如同他所预期的质子穿过杯子中的液体时径迹所产生的那种效应。一天他发现乙醚一旦被加热到高温，沿着粒子通过液体路径产生一串气泡，确实能够发生辐射响应——气泡室就这样诞生了。

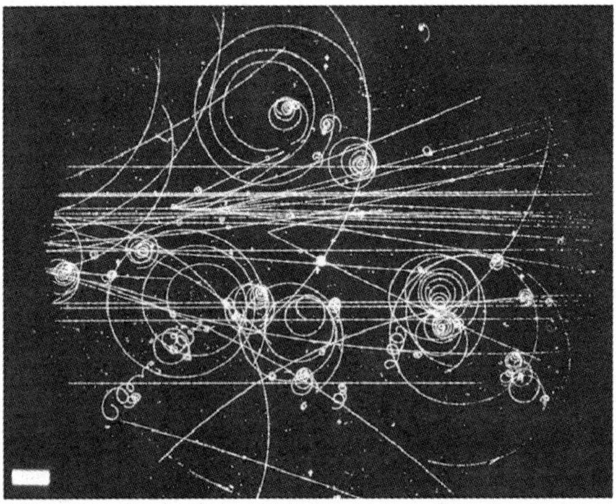

**图7.1** 置于磁场中的小型气泡室里的粒子径迹（CERN供图）

接着佩尔和他的同事琼斯（Lawrence W. Jones）研究高能物理实验的一个新装置——火花室（spark chamber），这是一种研究粒子径迹的改良装置。佩尔获得斯坦福直线加速器中心的一个职位，这是一个在加利福尼亚州斯坦福大学附近建成不久的实验室。1963年他到了那里。在斯坦福直线加速器中心，佩尔对μ子产生了兴趣，于是在那里从事对这些粒子的实验研究。[12]

1975年，佩尔完成了他的重要发现，即在斯坦福直线加速器中心他发现了第三代轻子。他以他的希腊研究生拉皮兹（Petros Rapidis）的名字命名了这个轻子，τ即这个名字的希腊字母。τ轻子（τ lepton）的质量几乎是电子质量的3500倍(其质量以能量为单位,是1776 MeV或1.776 GeV)。同电子一样,τ子是一个没有内部结构的基本粒子,它像一个点,但质量很重。物理学家认为基本粒子只有三代(有时称为家族)。佩尔发现了第三代的第一个轻子。2000年与τ子相关联的τ子中微子被发现,至此第三代轻子的发现完成。

由于τ子质量非常重,因此有几百种可能的衰变方式,所有的过程经历极短的时间间隔:产生后的万亿分之一秒($10^{-12}$秒)。佩尔对我说:"没人能理解质量为什么以那种方式起作用。""即使将来在CERN发现希格斯粒子(Higgs),我们依然不能理解质量的作用方式。希格斯粒子被认为赋予它自己和其他粒子质量,但仍然没有很好地解释为什么这样以及粒子质量到底多重,我们还只是处于这条路的开端。"他接着说。[13]

"我们知道物质如何排在周期表,"佩尔继续说,"但对于基本粒子我们还没有这种认识。"我们将这些粒子视为一个点,即使它的质量很重。"有人说,也许,关于它们的信息在它们周围的场中可以找到,"他总结道,"我们只是刚刚开始,离科学的目标还很遥远。"[14]

电子、它的较重的亲戚μ子,以及第三代更重的τ子,连同与它们相对应的中微子,构成基本粒子的轻子家族,如下表所示。

**表7.1　轻子家族**

| 轻子 | | |
|---|---|---|
| 第一代 | 第二代 | 第三代 |
| 电子 | μ子 | τ子 |
| 电子中微子 | μ子中微子 | τ子中微子 |

我们还可以建立一个相应的表,将每个粒子加以前缀"反"。这样的表列出每一个粒子的反粒子:反电子(正电子),反μ子,反τ子,反电子中微子,反μ子中微子和反τ子中微子。

目前在CERN和世界其他实验室正进行**中微子震荡**(neutrino oscillations)的研究。中微子震荡过程可以使一种中微子转化为另一种中微子,例如,一个电子中微子突然转化成 μ 子中微子。以我们目前的物理学知识,这种过程看起来还有些神秘,但中微子震荡有着重要的影响:这种震荡意味着参与震荡的粒子具有质量。这个过程 1998 年在日本超级神冈中微子探测器上首先发现,现在我们知道中微子具有质量。

称为轻子的粒子族构成标准模型的一部分。标准模型的另一部分是夸克,第三部分是传递作用力的玻色子,我们将在第八章中讨论这组粒子,从而可以建立起粒子物理学标准模型的完整粒子表。所有这些粒子在 CERN 的 LHC 的粒子相互作用中起到重要作用。

## 第八章

# 自然界的对称性、杨—米尔斯理论与夸克

自从1932年发现中子以来,物理学家们就被存在于原子核中的双胞胎粒子——质子和中子的本质迷住了。围绕原子核转动的电子要比质子和中子轻,质量大约为它们的1/1800。但是质子和中子具有**几乎相同的质量**。这个事实给出了一个有趣的难题:为什么这两种粒子的质量几乎相等?而这又对这两种粒子的本质意味着什么呢?它们之间有某种基本的相互联系吗?也许,**它们只是同一种粒子的两种不同表现形式?**

在中子刚被发现后,海森伯就试图通过一个假定来解释这个谜,这个假定说自然界里有一种抽象的数学对称性将两种粒子彼此联系。而且由于伴随着粒子的波服从量子力学的叠加原理(这些波是薛定谔方程的解),两种粒子间的对称性意味着**一种粒子可以被连续地"转动"到另一种粒子**。这种"转动"是在一个抽象的数学空间里发生的——不是在物理空间里。从一个粒子到另一个粒子的这种转动(或者说形变)是一个粒子和另一个粒子根据量子规则发生的连续混合。比如说,在任何给定的时刻,我们也许会有这两种状态——"是一个质子"与"是一个中子"——的某种**混合物**,而非一个质子或者一个中子本

身。我们可以有某种东西,它是23%的质子和77%的中子的组合体,或者39%的质子和61%的中子的组合体,等等。这正是量子世界运作的方式,因为粒子也是波,而波——根据它们的本质——是可以通过这种方式叠加的。因此,当两个粒子可以看作同一个实体的两种不同状态时,量子世界允许从一个粒子到另一个粒子的连续转动(或者说形变)。在任何给定的时刻,我们所有的不是纯粹某种类型的粒子,而是两种粒子放在一起的混合物。

这是一个令人难以接受或者理解的观念,因为它不对应我们从日常经验而来的关于这个世界的任何直觉。但是量子领域遵守它自己的一套离奇的定律。想想薛定谔猫这一范例:**这只猫同时既是死的又是活的**。用另一种方式来说,薛定谔猫可以连续地从活着的状态转动到死的状态,反之亦然。同样的量子逻辑意味着一个质子可以通过连续的"转动"莫名其妙地变成一个中子,反之亦然。

海森伯提出的联系质子和中子的对称性称为**同位旋对称性**(isospin symmetry),或者同位素自旋对称性(isotopic spin symmetry)。同位旋是一个**量子数**,对于质子和中子取值不同。质子被定义为具有的同位旋等于1/2,而中子具有的同位旋等于-1/2。

这个想法是关于自旋思想的一个直接延伸。回忆一下电子的自旋被定义为1/2。但是因为量子行为,在任何给定的时刻实际的自旋是两种自旋——+1/2和-1/2——的叠加。同样的想法也适用于同位旋:质子的同位旋是1/2,而中子的是-1/2,所以我们可以有质子和中子的叠加态,这种东西在任何给定的时刻具有的实际同位旋是这两个数的组合。比如这种叠加态可以由30%的同位旋1/2和70%的同位旋-1/2组成。质子和中子的叠加态如下图所示。

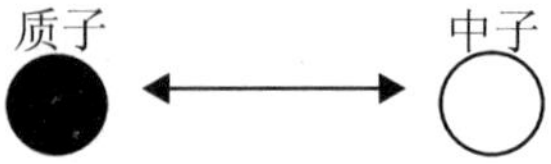


**图8.1** 质子和中子的叠加态

海森伯关于用对称性联系两种相似粒子的想法在20年后又被美籍华裔物理学家杨振宁捡了起来。前面我们已经在讨论与李政道关于宇称破缺的合作研究中提到了他。比这更早,1954年杨振宁与他在布鲁克黑文国家实验室的同事米尔斯(Robert L. Mills)已经完成了关于对称性的重要工作。他们的结果彻底改变了理论物理学,而这些结果的意义仍然在不断回响,不但在整个物理学领域,而且还在纯数学领域。

杨—米尔斯理论是我们从LHC的实验中获取知识的理论基础。这个理论构成了被称为规范理论(gauge theory)这种物理学模型的框架,这是现代物理学中最强有力的理论工具之一。规范理论是联系物理情形中的对称性和某种连续群性质的理论,我们前面看到过的转动群就是这种连续对称性的例子。(回忆一下被称为"李群"的这种群。)"规范"这一术语是1930年德国数学家外尔(Hermann Weyl)发明的。

这里是一个例子。你可以旋转戴在你手指上的结婚戒指,而没有人会注意到转过了的戒指看起来会有什么不同。我们可以说这个结婚戒指的旋转对称性是被规范为圆圈的旋转这一连续群的。现在设想你去拜访一个用水晶球算命的算命师。她拿起水晶球,在空间中转动它(任何转动都是两种基本空间转动的组合,我们可以方便地把它们取为分别沿"纬度"和"经度"的转动,就像在地球上),然后再把它放下。如果这个球上没有任何记号,你并不能分辨出球已经转过了。这里的对称性(即这一事实:你无法知道对水晶球做过什么)是被规范为球面的转动这一连续群的。在物理学中,这种转动和其他的变换常常是在抽象的数学空间发生的,而不是在物理空间——但想法是完全一样的。

杨振宁1922年生于中国安徽省合肥。他的父亲杨克纯(又名杨武之)在芝加哥大学获得了数学专业的理学博士学位,然后回到中国在北京清华大学(后在昆明国立西南联合大学)教授数学。杨振宁的父亲看到儿子还是一个小学生时就喜欢代数,于是给了他一些关于这方面的书并激发他的好奇心。杨振宁被对称性的想法和群论迷住了,想知道群的结构如何才能被用来揭示自然界中深奥的对称性，比如关于晶体的可能转动和更抽象背景下的转动。

杨振宁于1942年毕业并进入研究生阶段，上了各种各样的物理学课程，学习场论以及统计力学。但是在关于对称性的数学理论中，他看到了揭示自然界秘密的钥匙。杨振宁在二战后来到了美国，并在他父亲的母校——芝加哥大学拿到了物理学博士学位。

在完成博士学位之后，杨振宁在布鲁克黑文国家实验室度过了1953—1954年。他在这里遇到了米尔斯，他们俩发展了后来大家所知的杨—米尔斯理论。杨—米尔斯理论基于群和对称性，是电磁相互作用理论的一种推广。杨振宁和米尔斯成功地建立起了质子和中子之间同位旋对称性的模型。这是一个非常困难的任务，已经难倒过他们之前的许多物理学家，因为同位旋对称性是**非阿贝尔的**(non-Abelian)。“阿贝尔的”(Abelian)是指尼尔斯·阿贝尔(Niels Henrik Abel)，一位19世纪的挪威数学家，与伽罗瓦同一个时代，而且也与伽罗瓦一样研究过对称性。像伽罗瓦一样，阿贝尔英年早逝：27岁时死于肺病。以他的名字命名的阿贝尔群，是群元素**可交换**(commutative)的群，可交换的意思是群元素的操作顺序不影响最后的结果。比如，穿上衬衫和穿上裤子的操作是可交换的：你先做哪件事都没有关系——最后你都穿好了。但是你穿裤子和穿内裤这两种操作是不可交换的：你先做哪件事将会使最后的结果有很大的不同。

费恩曼、施温格和朝永振一郎的量子电动力学是“阿贝尔的”——也就是说，可交换的。这里涉及的群在数学上比非阿贝尔(也就是非交换的)群要好处理。在质子与中子共存的情形下，情况要复杂得多。就像在量子力学里经常发生的那样，这里描述粒子间相互作用的基本操作是严重非交换的。

量子力学总体来说显然是一个非交换的理论。在量子力学中，当你测量一个变量时，它会立即影响你测量另一个变量的精度[这是海森伯的不确定性原理在起作用]。因此，测量的顺序很重要。测量一个粒子的位置之后再测量它的速度,与先测量它的速度再测量它的位置,得到的结果是不同的,因为在任一情况下你对首先测量的量比对其次测量的量知道得更精确。我们说这两个测量操作不能交换。因此,它们必须用非交换的数学来处理。量子力学和量子场论的非交换性阻碍了理论物理学中对称性的研究,直到杨振宁和米尔斯的突破性工作。为了描述海森伯的同位旋对称性,杨振宁和米尔斯采用了与圆圈的对称群不同的一个李群。他们用的是一个特殊的连续群,这个群在抽象空间中允许更多种类的旋转。[1]这个群将两种类型的实体——质子和中子——连续地混合在一起。

杨—米尔斯理论此后非常成功地应用于丰富多样的理论场合。它成为了粒子物理学标准模型的底层结构。实际上,在物理学的各种不同环境下,理论上的考虑显示出杨—米尔斯规范理论往往是唯一良好运作的理论。这个理论促成了夸克的理论发现——组成质子和中子的上夸克和下夸克,以及更高一代的两种夸克,后者更重而且不稳定。而这里所采用的李群级别更高:它是一个将**三种**实体(而不是像质子和中子同位旋情形下的两种实体)连续地混合在一起的群,这三种实体就是隐藏的夸克,而每个质子或者中子里就有三个这样的夸克。

盖尔曼(Murray Gell-Mann)1929年生于纽约,性格直率,是夸克理论的共同提出者。他在15岁的时候就进入了耶鲁大学,然后在麻省理工学院获得了物理学专业的博士学位。

1964年盖尔曼假设了夸克的存在,同年这个假设也被茨威格(George Zweig)独立地提出来,后者当时还只是加州理工学院的一名研究生。盖尔曼选择了"夸克"这个词来描述它们,取自乔伊斯(James Joyce)的小说《芬尼根的守灵夜》(*Finnegan's Wake*,"夸克"在其中的意思是"尖叫");而茨威格给它们取名为"爱司"(ace)。费恩曼给这些中子和质子的组分起了另外一个名字,他叫它们"部分子"(parton)——因为它们是组成核子的"一部分"。一些人现在仍然用"部分子"这个术语来指夸克(以及胶子)。

1973年，维尔泽克(Frank Wilczek)与格罗斯(David Gross)一起通过他们的理论对解释夸克的行为起了关键性的作用。这个理论也由普利策(Hugh David Politzer)独立地提出来，他们三人因此分享了2004年的诺贝尔物理学奖。维尔泽克在他的书《存在之轻》(*The Lightness of Being*)中谈到了关于部分子的一个有趣的故事。他说盖尔曼每次听到有人把强子(hadron)的假想组成部分像费恩曼一样叫做"部分子"就会大怒。

维尔泽克回忆起有一次他告诉盖尔曼，"我正在尝试改进部分子模型，"然后补充道，"这里我坦白说我提到部分子并不完全是天真无邪和出于无知，我是好奇，想看看盖尔曼会对竞争对手的惯用语作出什么反应。"[2] 维尔泽克显然得到了他预料之中的结果：

> 盖尔曼嘲弄地看了他一眼。"部分子?"他停顿了一下，满脸关注的神情，"部分子?? 什么是部分子?"然后他又停下来，看上去在沉思，直到他的脸上突然有了高兴的表情。"哦，你一定是指费恩曼说的那些做作的玩意儿！那些粒子不遵从量子场论。没有这样的东西。它们就是夸克。你不应该让费恩曼的笑话污染了科学语言。"[3]

顺带说一下，维尔泽克、格罗斯和波利策后来解释了部分子(或者夸克)如何确实遵从一个量子场的理论——由这三位物理学家发展起来的量子色动力学(quantum chromodynamics)理论。

在20世纪60年代，盖尔曼从事强子[包含核子和介子在内的粒子群体]的分类研究。今天，感谢盖尔曼以及茨威格，我们知道这些不是基本粒子而是夸克的组合体：一个核子[和其他重子(baryon)]里有三个夸克，而一个介子里有一对正反夸克(它们没有相互湮灭，因为它们是不同的类型，或者是量子混合物)。夸克由于一系列新粒子的发现而被假定为是存在的，这些新粒子现在都被认为由夸克构成。这些奇怪的不稳定的新粒子为揭示我们日常生活中的普通物质的构成方式提供了线索。我们现在知道，宇宙中所有通常的、稳定的物质都是由种类数少得让人吃惊的基本粒子构成的：仅仅三种！在最基本的层次上，由我们身边看得见的东西组成的宇宙是由三种基本粒子构成的：**上夸克、下夸克**和**电子**。

两种夸克构成质子和中子，存在于物质的原子核里。每个质子包含两个上夸克和一个下夸克，而每个中子由两个下夸克和一个上夸克构成。电子围绕原子核旋转，一起构成完整的原子。但是其他种类的夸克——除了构成质子和中子的那两类（上夸克和下夸克）——也已经被发现了。

1947 年，一种衰变速度远远慢于物理学家们预期的新介子被发现，称为**奇异粒子**（strange particle）。因此当几十年后盖尔曼和茨威格假定夸克存在时，奇异介子被理解为包含不同于（构成质子和中子的）上夸克和下夸克的**第三种**夸克。这种夸克被称为奇异夸克（strange quark）。

晚些时候，在 20 世纪 70 年代，“粲”夸克（charm quark）和“美”夸克（beauty quark）[或称“底”夸克（bottom quark）]被发现了（这些名字有点稀奇古怪），标准模型的基本粒子表快要填满了。粲夸克的存在是由 1974 年布鲁克黑文实验室的丁肇中和斯坦福直线加速器中心的里克特（Burton Richter）发现的，由一种包含它的介子推断出来的，两人因此分享了 1976 年后的诺贝尔物理学奖。美夸克于 1977 年通过费米实验室的一个大型实验而被发现。在这个基本粒子表的轻子部分，τ 子被加入了；而如我们所看到的，还有三种中微子。最后，1995 年报道发现了非常重的顶夸克（top quark），由费米实验室的两个大型国际合作组完成。这样使得已知的夸克种类成为六种（当然还有六种反夸克），标准模型中所有的费米子已经齐全了。

夸克具有分数电荷，这是与电子的电荷定义为 -1 相比较而言的。上夸克的电荷是$\frac{2}{3}$，而下夸克是 $-\frac{1}{3}$。我们来看看这是如何管用的。

质子由两个上夸克和一个下夸克构成，因此它的总电荷等于$\frac{2}{3}+\frac{2}{3}+(-\frac{1}{3})=1$，如它应该带的电荷（质子的电荷精确等于电子电荷的相反数）。中子由两个下夸克和一个上夸克构成，因此它的总电荷为$-\frac{1}{3}+(-\frac{1}{3})+\frac{2}{3}=0$，这也通过了检验，因为我们知道中子是电中性的——它不带电荷（总电荷为零）。同样的模式也适用于后两代的夸克：粲夸克的电荷是$\frac{2}{3}$，而奇异夸克是$-\frac{1}{3}$；顶夸克的电荷是$\frac{2}{3}$，而底夸克是$-\frac{1}{3}$。因此电荷的数量和符号完全继承与刚才展示的普通物质中的上夸克和下夸克同样的模式。对于反粒子，上面那些粒子的电荷符号都要反过来，这样给出反质子的总电荷为 -1（如它应该带的），而反中子的总电荷为零。

三代夸克的质量相差很大。上夸克的质量大约是电子的 4 倍（电子的质量大约是 0.5 MeV），而所有夸克中最重的顶夸克质量大约是 178 GeV，即上夸克质量的大约 90 000 倍，或者电子质量的大约360 000 倍，与金原子核的质量大致相当。[4] 下夸克比上夸克稍重，因此包含一个上夸克和两个下夸克的中子比包含两个上夸克和一个下夸克的质子稍重。奇异夸克的质量大约是 0.1 GeV——即电子质量的大约 200 倍；粲夸克的质量大约是 1.27 GeV，超过 2000 个电子；而底夸克的质量大约是 4.2 GeV，相当于 8000 个电子。这些数字中的一部分已经被理论物理学家所预言。

加亚尔于 1939 年生于新泽西州的新布伦瑞克，1960 年毕业于弗吉尼亚州的霍灵斯学院，1961 年在哥伦比亚大学获得物理学硕士学位。随后，她继续在奥尔赛的巴黎大学获得了两个博士学位，然后在法国国家科学研究中心（CNRS）获得了一个职位。在受雇于这家法国机构的同时，她也为 CERN 工作，在那里她与埃利斯和其他合作者一起完成了著名的“企鹅论文”。

加亚尔也在费米实验室工作过，并在 1981 年成为加州大学伯克利分校的第一位女物理学教授。在 1973 年，她与本·李（Ben W. Lee）一起在粲夸克被发现之前预言了它的质量。她的联合预言是粲夸克的质量大约为 1.5 GeV。在该粒子被发现后实施的研究中，它的质量被估计为 1.27 GeV。莱德曼的研究小组曾经预言粲夸克的质量为 3 GeV 左右，但是加亚尔和李的估计更接近事实。[5]

后来，加亚尔与查诺威兹、埃利斯一起预言了底夸克的质量。当他们写文章预言一个质量为 τ 轻子（质量为 1.77 GeV）“2—5 倍”的粒子时，埃利斯的手稿被编辑认错了，手写的“到”（to）被认成了“60”，因此在文章的摘要中预言的质量变成了 2605 倍 τ 子的质量——这是一个令人难以置信的巨大质量。这个错误后来被更正了。他们预言的质量与目前估计的大约 4.2 GeV 是很接近的。[6]

夸克是**禁闭的**（confined），即一个单独的夸克是无法在自然界中看到的。轻子可以“飞跃”，但是夸克必须禁闭。这其中的原因是它们被一种巨大而奇怪的力量——强（相互作用）力束缚在一起。强力与我们日常生活中知道的力——万有引力和电磁力——有非常大的不同。后两种力随着距离的增大会变弱，但是强力随着距离的增大会变强。

这就像一条橡皮筋——一条非常非常强有力的橡皮筋——在这里起作用。当橡皮筋松弛的时候，夸克可以在橡皮筋长度所及的空间内移动。但是如果它们试图让彼此更加远离，它们就会将橡皮筋绷紧，后者不断增加的张力会将它们带回到一起。它们越是想把橡皮筋拉得更远，橡皮筋让它们返回的作用力就会越强。

这是一个离奇的现象，但是在盖尔曼工作的 10 年后，格罗斯、维尔泽克和波利策从数学上证明了它。他们的研究从理论上表明单独的夸克是**永远不可能**被看到的。

2004 年，由于他们 1973 年解释夸克禁闭的工作，格罗斯、维尔泽克和波利策一起获得了诺贝尔物理学奖。他们的理论被称为量子色动力学(quantum chromodynamics),其中"色(chromo)"来自希腊语"chroma"(意思是"颜色")。强力通过无质量的玻色子(称为胶子)作用在夸克上,胶子与光子类似,但是带有一种称为"颜色"的荷(charge)——虽然与真正的颜色毫无关系。"色"这个术语仅仅是一个称呼。这里的对称性是一种三重的连续对称性,因为夸克和胶子相互交换三种"色荷"(color charge)。[7]

当质子在LHC中以巨大的能量撞毁时,许多不同能量级别和质量的粒子被产生出来。轻子可以被单独地探测到,玻色子和其他粒子也是如此。但是在LHC的探测器中的夸克是以喷注(jet)的方式被看到,所谓喷注就是一束仍然被强力绑在一起的粒子,它从碰撞的区域喷射出来。科学家们看到的喷注数目为他们提供了碰撞中产生出什么其他东西的信息。

在早期宇宙,温度为数万亿摄氏度时,夸克在夸克—胶子等离子体中到处漂浮。如早前提到的,这种等离子体是一种非常高能的流体,其中一些粒子是带电的。这种奇怪的物质状态是LHC的ALICE合作组研究的焦点。

## 夸克、胶子和ALICE实验

如早前指出的,LHC运行时间的大约10%并不是在打碎通常的质子,而是非常重的铅核。这个实验的目的是反复制造夸克—胶子等离子体(有时又叫"夸克汤"),这种东西在大爆炸之后曾充满整个宇宙。根据理论,夸克和胶子在大约2万亿摄氏度时形成这种等离子体,这个温度比太阳中心还要热10万倍以上。在大爆炸之后的百万分之几秒,相信温度可以达到那么高,此时物质还没有形成像质子和中子这样的重子。

ALICE合作组的物理学家们希望反复制造出存在时间极短、只有原子核尺度大小的夸克—胶子等离子体。物理学家们期待对这种等离子体的研究将会提供关于夸克禁闭(quark confinement)真实过程的信息,我们对这种过程的理解目前只是在数学模型的层次上。他们也想探寻物理真空的实质,也许其中的某些秘密会在这种等离子体突然产生又立即消失的过程中体现出来。他们想知道由胶子所传递的强力如何产生出有质量的粒子。他们想知道为什么质子和中子比它们所包含的夸克要重100倍。他们还想检验从理论上导出的禁闭过程本身的限度:在某些情形下禁闭可以被打破吗?

(夸克—胶子)等离子体的行为究竟是怎么样的?虽然我们仍不知道大爆炸之后填满空间的原初夸克—胶子"汤"的行为如何,但是我们知道同样有大量粒子漂浮于其中的很多其他物质形态。这样的流体中的一种叫做玻色—爱因斯坦凝聚(Bose - Einstein condensate)。在这种气态粒子集合体的特殊情形中,科学家们发现量子力学的规律以一种特殊而怪诞的方式在起作用。在这个研究方向上的实验是在非常冷——而不是极度热——的条件下进行的。

我们知道量子力学的原理适用于任何微小的系统。衍射和干涉这样的波动性质会在各种微小粒子的行为中表现出来,如光子、电子、质子、中子、原子核,还有原子。对于分子也已经观察到了这样的行为模式——即便是某些大到包含60个原子的分子。这种以富勒(Buckminster Fuller)的名字Buckminster命名为巴基球(Bucky ball)的分子在微观尺度形成圆顶形结构,维也纳大学以蔡林格(Anton Zeilinger)为首的一个研究团队发现它们显示出波动性。[8] 但是当一个东西的尺度大到一定程度的时候,波动现象消失了。在我们生活的宏观世界里,"量子魔法"不管用。不过玻色—爱因斯坦凝聚是一个例外。

1925年,爱因斯坦基于印度物理学家玻色引入的方法,预言了这种我们今天称之为玻色—爱因斯坦凝聚的现象。玻色子正是以玻色的名字来命名的。当作为玻色子(即具有整数自旋,而非费米子的半整数自旋)的原子组成的气体被冷却到接近绝对零度时,一大部分的原子会凝聚在它们可能的最低量子态。当这些原子被冷却到一定程度，每个原子的波函数具有的尺度与原子间的间距差不多时，这些原子的波函数会**重叠**，这团气体变成一个均匀的宏观体系。现在这个体系是一种量子汤，由许多不可区分的粒子构成。[9]

1995 年，科罗拉多大学博尔德分校和美国国家标准与技术研究所的康奈尔(Eric Cornell)和维曼(Carl Wieman)用铷原子实现了玻色—爱因斯坦凝聚。过了不久，麻省理工学院的凯特勒(Wolfgang Ketterle)和他的团队在实验室里用钠原子气体达到了这一状态。当温度降到非常低的程度时，玻色—爱因斯坦凝聚就突然出现了：这些原子被转变为一个巨大的"物质波"。这是一个急剧的转变，凯特勒对我这样来描述它："想象你生活在一个很热的行星上，上面没有人见过冰或者雪。你努力地工作，设计制造了一台冰箱。然后你放了一些水在里面，过些时间后你打开冰箱门，突然发现一种没有人见过的新奇而美妙的物质形态——**冰!**"[10]

当对费米子进行与产生玻色—爱因斯坦凝聚同样的冷却时，我们会达到一种不同类型的物态。这时我们制造的是一个"费米海"。[11]费米子必须遵守泡利不相容原理，这意味着没有任何两个费米子可以占据相同的量子态。我们在第二章看到过一定局限意义下的不相容原理，那里我们指出在同一个轨道上的两个电子必须具有相反的自旋。

泡利不相容原理就像一个公司可能有的对执行官们的停车规则：没有任何两辆相同型号和颜色的宝马车可以停在停车场的同一个区间里。如果你有一辆蓝色 5 系的宝马车，假如已经有另一位执行官将它的蓝色 5 系宝马停在区位"A"了，你就不能把它停在那里。如果你真的必须停在那里，那么你得将你的车漆成红色或者不同于蓝色的其他颜色，或者干脆换成其他型号的车。费米子(自旋为半整数，如$\frac{1}{2}$或者$1\frac{1}{2}$的粒子)，不管是基本粒子还是组合粒子，必须遵从这一法则：如果它们想要在同一个位置，它们必须至少在其他某一个特征上不一样。

科罗拉多大学博尔德分校的吉恩(Deborah S. Jin),奥地利因斯布鲁克大学的格里姆(Rudi Grimm),以及麻省理工学院的凯特勒各自独立地研究了费米子气体(fermion gase)的行为。这样的气体由费米子构成,费米子具有半整数自旋,并满足泡利不相容原理。在凯特勒的实验里,费米子气体被降到很低的温度。然后就可以看到费米子形成了**费米子对**,每一对里的两个成员具有相反的自旋——就如泡利不相容原理要求的那样。这样的费米子对的行为就像玻色子,因为现在每一对里的两个成员其自旋之和是一个整数。然后他们又做了一个实验,使用的原子不再一上一下自旋配对。这时,有趣的事情发生了。

其中一些原子自旋配对,就像泡利命令的那样。这些原子对生活在超冷腔中心的一团云里。但是还有一些没有找到配对伙伴的原子被驱逐到这团云的外面。它们不能呆在中心的那些排他性的原子对群体里,因此它们只是游离在边缘地带。以这种方式,原子的行为就像在舞会上落单的男人和女人,站在周围寻找舞伴——如同凯特勒描述的那样。[12]我们很快会看到这些想法的重要性。

因此,我们怎么知道那种假想中的叫做夸克的粒子——相信被永远禁闭而无法被任何人单独看到——真的存在呢?事实上,虽然它们不能在禁闭它们的重子或者介子之外被看见,但是夸克已经在实验上被探测到了,这方面的实验是由麻省理工学院的弗里德曼和肯德尔(Henry Kendall)以及斯坦福直线加速器中心的泰勒(Richard Taylor)领导的一个研究团队完成的。

弗里德曼于1930年出生于芝加哥,其父母是20世纪10年代移民到美国的俄罗斯人。他的母亲从事服装工业,而父亲在胜家缝纫机公司工作。在弗里德曼的父母结婚几年后,他的父亲开了一家维修和出售缝纫机的小公司。生活对于新移民来说是艰辛的,但是弗里德曼夫妇对于学习、阅读的热爱和为了受到教育而努力奋斗的热情感染了他们的孩子,虽然他们自己几乎没有受到过多少教育。他们家里有很多书,而且父母鼓励他们的孩子在学术之外也学习艺术和音乐。年轻的弗里德曼在艺术方面很有天赋，曾经以进入大学艺术专业为目标而学习。但是当他还在中学时代，专注于艺术活动时，他读了爱因斯坦的《相对论》(*The Theory of Relativity*)这本书，并被彻底地迷住了。

弗里德曼拿到了芝加哥艺术学院的奖学金资格，但是让所有人吃惊的是他却选择了念物理学。他申请了芝加哥大学，因为那里有著名的费米主导的一个很好的物理教学计划。虽然拒绝了一个艺术奖学金，但他现在得到了芝加哥大学的一个全额奖学金，如果没有这个奖学金的话，他的家庭是负担不起他的学费的。

当他完成了开始博士阶段研究的要求之后，弗里德曼鼓起了所有的勇气去问费米能不能做他的导师。让他惊讶的是，这位著名的意大利物理学家顺利地答应了他。"我觉得就像是中了彩票，"弗里德曼回忆道，"费米是如此聪明，简直让人害怕。他绝对是一个天才，但他总是避免由于他的才华而使同事和学生们难堪。"[13]

费米做过实验来研究亚原子粒子的作用力，而弗里德曼在他的博士研究工作中用到了这一技术。但是费米在他能为弗里德曼的学位论文签字之前就去世了，死于癌症。这造成了一个大问题：系里的其他教授不会为弗里德曼成为博士学位候选者签字，除非弗里德曼从事的研究项目他们也感兴趣。最后，系里的另一个教授马歇尔(John Marshall)拯救了弗里德曼，他说："你只管往前走，把论文写出来；我会签字。"[14]

那时刚刚在芝加哥大学建起来的回旋加速器是完成很多激动人心工作的场所。质子撞击目标产生 π 介子的实验在那里实施，然后这些 π 介子被散射到其他的目标上，比如装满液氢的容器。弗里德曼用回旋加速器来研究弹性和非弹性粒子碰撞的结果。(如早前讨论过的，非弹性碰撞是指那些在碰撞过程中将能量传给别的粒子，同时将它们转变成别的粒子或者产生更多的粒子，而弹性散射就像台球之间的碰撞一样。)

弗里德曼于是得到了斯坦福大学高能物理实验室的一个职位，斯坦福大学那个时候有一个小的直线加速器。在那里，他学习了电子散射的技术，并进行了电子从原子核边上反弹出去的实验。弗里德曼在霍夫斯塔特（Robert Hofstadter）带头的一个小组工作，而他的一个合作者就是肯德尔。他也遇到了泰勒，后者在另一个小组工作。在这段时间，弗里德曼发展了电子散射的新技术，这些技术在他后来的工作中被证明是很有价值的。

1960年弗里德曼担任了麻省理工学院物理系的一个职位。在那时，帕诺夫斯基（Wolfgang Panofsky）正在建立斯坦福直线加速器中心，可以达到20 GeV 的能量。弗里德曼开始在那里工作，从麻省理工学院几乎穿过整个国土通勤往返。在斯坦福直线加速器中心，弗里德曼、肯德尔和泰勒形成了一个新的研究小组，他们能够进行精确的电子从质子和中子上非弹性散射的实验，试图向核子"里面看"以弄清它们是否有内部结构。

1967—1975年，弗里德曼与他的麻省理工学院和斯坦福直线加速器中心的同事们发现了夸克存在的第一个直接证据。他们使用斯坦福直线加速器中心的加速器进行了一种"电子显微镜"实验来观察核子的内部结构。他们发现每个核子里有三个夸克，带有盖尔曼和茨威格的夸克理论预言的分数电荷。"我们不是在找夸克，"弗里德曼告诉我，"我们只不过是在这么高的能量下用非弹性电子散射向质子和中子里面细看。没有人在找夸克。"[15]物理学家们被他们的发现震惊了，然后他们继续去测量他们在质子和中子中发现的这些组分的特性。

在1972年前，图像变得清晰了：夸克是真实的！"这是一个团队的努力，"弗里德曼强调，"每个人都作出了重要的贡献。能够作出这一发现是由于我们用了正确的方式来看这个问题。"通过在CERN的加尔加梅勒气泡室里比较电子从质子和中子上散射的结果和中微子（是不带电的）散射的类似结果，他们发现作为质子和中子组分的分数电荷与设想的夸克的分数电荷完全相同。

因为中微子不带电，它被夸克偏转的角度与夸克的电荷无关，但是电子的偏转角与夸克的电荷是有关的。因此中微子散射给出了标定电

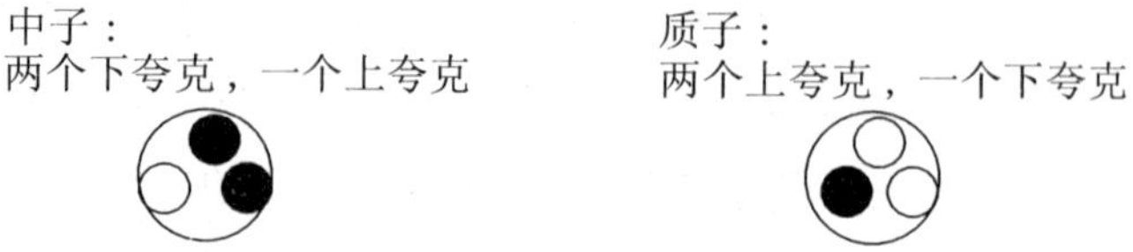


**图 8.2** 中子和质子中的夸克

子散射的对照物，从而为确定夸克的电荷提供了很好的基础。结果与理论预言是一致的。这是一种设计得极其精巧的方法。

斯坦福直线加速器中心提供的较高能量使得研究人员可以用更短波长的电子来探测越来越小的距离。回忆一下，任何一个粒子同时也是一种波。提高能量意味着提高频率——单位时间里波振动的次数，因此对应于更短的波长。电子能够探测核子的内部，就像 X 射线——波长比可见光更短而频率更高的光子——可以展示人体的内部结构一样。但是斯坦福直线加速器中心的“显微镜”对于质子和中子的有效放大倍数比通常的光学显微镜要大数十亿倍。

“想象夸克在质子里快速移动。”弗里德曼对我说。在他从 CERN 回来之后，12 月的一个晴朗而寒冷的下午，我们在波士顿一家欧式风格的咖啡馆里聚会，喝着咖啡吃着羊角面包。之前在 CERN，他和其他诺贝尔奖获得者讲解了他们的工作，此时正是 2009 年底，LHC 在进行着低能碰撞。“如果你想对一个极快速移动的物体照相，你会怎么做？”他笑着问道。“用一个非常快的快门？”我说。“对！”他喊道，“但是要记住，这里有一个量子原理。”他指的是海森伯不确定性原理，这个原理说，如果时间间隔非常小，那么非弹性散射中的能量交换一定非常大。“因此我们知道，如果我们有足够大的能量，我们就可以看到核子的组成成分——而我们有 20 亿—40 亿电子伏。”[16] 弗里德曼解释道。那就是 2—4 GeV，足够捕获夸克作为点状物出现在质子或者中子里的图像。

“我职业生涯的目的就是理解大自然和对这一领域作出贡献，”弗里德曼说，“而且我非常高兴已经能够在一定程度上同时做到这两点。”[17] 弗里德曼与同事的工作提供了夸克——大自然的永久囚徒——

存在的实验证据。

当宇宙非常年轻，年龄只有一秒的几分之一时(正是LHC所研究的那段时间)，夸克在一个更大的场地里活动，这个场地就是所谓的夸克—胶子等离子体(一种观点认为那时它们不是禁闭的，因为它们能够在这等离子体里自由移动)。在这里，夸克仍然无法逃脱胶子的束缚，但是由于能量极高，夸克和胶子都能够在这样一种介质里自由运动。只有在晚些时候，当温度降下来，夸克才三个聚成一组而被禁闭在质子和中子这样的小单元里。它们也能出现于短命的介子里，那是不稳定的夸克—反夸克对。与俗话说的"两人成伴，三人成群"相反，粒子物理学的规则仿佛是"三个成伴，两个不够"。

质子和中子(即核子)生活在原子核里。在那里，它们被强大的核力束缚在一起，这种力也将夸克束缚在核子里。将核子束缚在原子核里的力正是将夸克束缚在核子里的强力的剩余力——极端强有力的夸克禁闭的"剩余效应"。核子与强力通过一种机制相互作用，这种机制是20世纪30年代日本物理学家汤川秀树发现的，牵涉到介子的交换。由此原子核才被保持为一体，而电子围绕着原子核旋转，这样就完成了整个原子的图像。

由重夸克——粲夸克、奇异夸克、顶夸克和底夸克——组成的粒子是短命的。它们不是普通物质的组成部分，而是在宇宙线与外大气层中原子核的碰撞而产生或者在加速器中制造出来的高能粒子。在其中任何一种情形中，它们都只存活很短的一段时间。

**表8.1** 夸克家族

| 夸克 | | |
|---|---|---|
| 第一代 | 第二代 | 第三代 |
| 上夸克 | 粲夸克 | 顶夸克 |
| 下夸克 | 奇异夸克 | 底/美夸克 |

放到一起来看，粒子的两个家族——夸克和轻子(它们都是费米子)，以及传递力的粒子(玻色子)，共同组成了粒子物理学的标准模型。

玻色子包括光子和胶子,这是我们遇到过的,还有 W 玻色子和 Z 玻色子,这是弱力作用的介质。标准模型及其所有的粒子列出如下(另外还有一个类似的表,其中每个粒子的名字前面都有一个“反”字)。

**表 8.2** 粒子物理学标准模型

| | 费米子 | | | 玻色子 |
|---|---|---|---|---|
| 代 | Ⅰ | Ⅱ | Ⅲ | |
| 夸克 | 上夸克 | 粲夸克 | 顶夸克 | 光子 |
| | 下夸克 | 奇异夸克 | 底夸克 | 胶子 |
| 轻子 | 电子 | μ 子 | τ 子 | $Z^0$ |
| | 电子中微子 | μ 子中微子 | τ 子中微子 | $W^+$ |
| | | | | $W^-$ |
| | | | | 假定标量玻色子:[18]希格斯玻色子 * |

标准模型反映了大爆炸刚刚发生之后宇宙中存在的对称性,其中的一些对称性已经自发地破缺了,而剩下的那些就是我们今天所看到的。标准模型中统一的对称性由三个李群的乘积来描述。这些李群是圆圈的连续转动对称群(作为电磁理论的模型),两种实体(上夸克和下夸克,或者电子和中微子)相互转变的连续转动对称群,以及连续混合三种粒子(一个核子中分别具有不同“色”的三个夸克)的对称群。[19]我们在后续的章节中将会知道关于这个模型是如何整合起来的更多内容。

整个粒子物理学标准模型最后一个缺失的环节就是尚未被发现的希格斯粒子。** 这个粒子被认为是使得有质量粒子(包括它自己)获得

---

* 希格斯玻色子于 2012 年 7 月 4 日被 CERN 探测到,已经不再是假想中的粒子了。——译者

** 本书英文版出版于 2010 年,那时希格斯玻色子尚未被探测到。2012 年 7 月 4 日 CERN 宣布探测到了酷似希格斯玻色子的粒子,2013 年 3 月又对希格斯玻色子的发现加以确认。希格斯玻色子填补了标准模型缺失的最后一个环节。2013 年 10 月 8 日,比利时理论物理学家恩格勒(Francois Englert)和英国理论物理学家希格斯(Peter W. Higgs)因对希格斯玻色子的理论预言获得了诺贝尔物理学奖。发现希格斯玻色子的故事可详见《希格斯——“上帝粒子”的发明与发现》,上海科技教育出版社,2013 年 8 月。——译者

质量的关键因素。希格斯粒子的存在已经被 W 玻色子和 Z 玻色子的发现所暗示，后者是标准模型和整个现代物理学中最重大的胜利之一。格拉肖、温伯格（Steven Weinberg）和萨拉姆（Abdus Salam）预言 $W^+$、$W^-$（W 代表“弱”）和 $Z^0$（由温伯格命名）这三种玻色子存在的理论要求希格斯场（Higgs field，与希格斯玻色子相联系）的存在，这样才能给这三种玻色子以质量。

在第九章我们讨论神秘的希格斯粒子以及预言它存在的理论。第十章描述电磁力和弱力的统一，这依赖于希格斯粒子的存在。因此在 LHC 上寻找希格斯玻色子是对标准模型的一个重要检验。如果希格斯粒子被发现了，我们就发现了宇宙中质量创生的来源，而且我们也将对标准模型的正确性有了重要的实验证据。我们将由此使得这个模型变得完满。

# 第九章

# 猎寻希格斯粒子

20世纪下半叶的大部分时间中,物理学家都在致力于建立粒子物理学标准模型——宇宙的量子场论蓝图。他们的目标是建立一种基本粒子"周期表",以便说明所有的轻子、夸克及玻色子是如何在自然界中与除引力之外的力的统一图景联系在一起的。目前将现代引力理论、爱因斯坦的广义相对论纳入标准模型还是一个遥不可期的梦想。但是我们知道,粒子质量很小,基本不受引力作用的影响,因此标准模型在描述和预言粒子相互作用及现象时非常成功。

直到20世纪中期,标准模型的建立还远远没有完成,因为弱力及其玻色子还没能被认识。根据这种理论,大爆炸刚刚发生后没有质量,只有能量。接着,几分之一秒过后,令人震惊的事情出现了:大自然的对称性突然破缺,对称性破缺机制将质量赋予宇宙中的粒子。这样,通过标准模型的出现,人们发现宇宙中**质量产生**的概念与对称性的观念不可思议地联系在一起。[1] 宇宙中原初对称性自发破缺发生在大爆炸之后,这产生了我们今天在自然界中所看到的万物的质量,同时也使我们人类自身的存在成为可能。这当然是科学史与哲学史上最深刻的理念。更令人难以置信的是这种理念居然可以在LHC上得到实验检验。

让我们考察一下这个不可思议的强大理念。在20世纪20年代之前，还没有宇宙存在开始的证据。爱因斯坦坚信宇宙只是简单地“在那”，而且还不知道其他星系的存在，更不用说宇宙的膨胀了。通过大型望远镜对其他星系的发现，星系的后退速度证实空间的膨胀，所有这些意味着宇宙存在起点，即大爆炸。

大爆炸使得宇宙得以诞生。但是宇宙是如何获得质量的呢？目前望远镜所能观测的能力范围，限于数以十亿计的星系及每个星系内数以十亿计的恒星。宇宙中如此巨大的质量同时凝聚于一个点上，远比**纯粹是能量**而非质量涵括在一个很小的空间范围内并膨胀形成宇宙更难以想象。

直觉上，这个思路表明，质量是在大爆炸后，即巨大爆炸后的瞬间，某一时刻以某种方式产生的。但在量子场论出现之前，没有一个描述质量从能量中产生的数学方式。量子场论结合了量子力学和狭义相对论，导致粒子与反粒子及它们同时从能量中产生的观念，事实上是利用数学算符来产生和湮灭粒子。理论使物理学家具有质量产生的观念，但问题是**如何产生**？

大爆炸之后产生质量的的真正机制是由希格斯(Peter Higgs)的工作提出的，确切地说，他是20世纪60年代理论粒子物理学家中的一员。这个宇宙中质量诞生背后的至关重要的观念与对称性在大爆炸后的瞬间破缺相关。

前面章节中我们曾谈到各种对称性。除了自然界中完整的对称性，物理学家还意识到**对称性破缺**(broken symmetry)。对称性破缺和没有对称性是有区别的。当没有对称性时，便没有进一步可谈的——只是简单地不存在对称。但是如果对称性曾经存在，但以某种方式破缺了，物理学家可以明确地认定原始对称性的剩余部分。

一些对称性是**自发**(spontaneously)破缺的，即以一种天然的方式。例如晶体的自然形成，这是对称性自发破缺的一个例子。在晶体形成之前，三维空间具有一个完整对称性，但当晶体一旦形成，晶体中原子排列方向打破了空间的原始对称性。通过晶体形成,在空间无穷多种可能中定义了一个特殊的方向。

**图 9.1** 当一颗水晶选择了生长方向后,它就破坏了三维空间的对称性(USDA 供图)

对称性自发破缺的最深刻例子则是后来由巴基斯坦理论物理学家萨拉姆提出的。假设你参加一个晚宴,所有的客人紧密地围着一个圆桌,在你左右各有一套餐具。由于客人是彼此相挨着的,因此存在一个完整的对称性:在整个圆桌上是餐具、人、餐具、人,这样一直排下去。没有看到礼仪规范前,客人不知道应该取哪一套餐具使用。这样他们以完整对称性的方式静坐着。这时一个客人果断地从他左侧或右侧拿起餐具,比如说左侧,此时对称性破缺了。**在这一刻对称性自发破缺了**。每一个客人没有别的选择,只能随着第一个人拿起他(她)左侧的餐具。

请注意,对于破缺的对称性,你的确能够看到曾存在一个良好定义的对称性,但现在破缺了。一只有五条腕足的海星,一旦一条腕足断了,它还是海星,你可以看到曾经有过对称性。当然那不是完美的对称,但对于所有的生物却是真实的。我们的脸不是完美对称的,正如大多数裁缝在你试新衣服时,会向你的配偶愉快地指出,你的手臂不是等长的。对比具有破缺的对称性,例如断了一条腕足的海星,和一块非对称的岩石。我们发现岩石没有明显的优先对称性。希格斯粒子,一种赋予其他粒子质量的粒子,其背后存在的理论便是对称性及大爆炸发生瞬间后的早期宇宙如何自发破缺。

准确地讲,LHC 的主要目标是寻找希格斯粒子。对撞机束流第一次激动人心的测试之后三周,斯德哥尔摩的诺贝尔奖委员会宣布 2008 年诺贝尔物理学奖的一半授予芝加哥大学的美籍日本物理学家南部阳一郎(另外一半由两名日本物理学家小林诚和利川敏英分享,他们关于对称性破缺的研究预言了至少存在三代夸克)。20 世纪 50 年代南部阳一郎开创的对称性破缺理论最终导致希格斯粒子存在的假说。

1959 年南部阳一郎完成了粒子物理学中对称性自发破缺的数学描述。他类比超导中所发生的现象,即物质在一定条件下,通常是极低温情况下,将发生无电阻传导电子的现象,基于此南部阳一郎推导了他的想法(我们知道控制 LHC 的巨大磁体就是超导体)。

南部阳一郎通过研究巴丁(John Bardeen)、库珀(Leon Cooper)、施里弗(Robert Schrieffer)于 1957 年所写的关于超导中对称性如何自发破缺(根据三位作者的姓氏称为 BCS 理论)的重要论文开始了他的科研工作。我们知道,随着超导体温度降低,电子间天然的相互排斥力被弱吸引力克服,在物质转换为超导体的温度点,伴随着电子对的形成,天然的对称性(在抽象的数学空间)自发破缺。这些电子对称为库珀对(Cooper pair)。回忆一下凯特勒的费米气体实验,当气体被冷却到足够低的温度时,费米子配对,即自旋相反的两个原子形成一对。这里思想相同。

一旦电子对形成,物质的电阻趋向于零。电导现在处于一种"超"态,因此称为超导体。同时还有一个现象发生——**能隙**(energy gap)形成。能隙是将电子激发到配对状态所需的能量阈值。当温度升高,物质停止形成超导体,这个能量趋向于零,能隙消失。

电子对如同变成了一个整体。配对后的每一成员与另一成员自旋相反，由于自旋具有相加性，总自旋不再是分数。由于电子配对后是整数自旋，它们现在成为玻色子，在适当的条件下，它们的行为像一个单独的个体——即玻色—爱因斯坦凝聚。我们可以形象地想象电子对"产生了质量"，一个能够和其他粒子聚集的更大粒子，并由此形成更为"整体"的状态。

不论我们如何想象这里发生了什么，南部认为超导中能隙的行为**类似于粒子物理学世界中的质量**。他利用数学推导了这种相似。当一块物质转变成超导体，通过库珀对的形成及能隙的出现，天然的对称性自发破缺。与此类比，在粒子物理学中希格斯粒子经历一次对称性自发破缺，产生质量。这两个过程是类似的。

南部阳一郎通过研究描述库珀对行为的方程及其解得到自己的观点，他意识到这些与粒子物理学中的狄拉克方程及其解有着惊人的相似性。南部阳一郎建立了描述超导的数学语言与描述粒子相互作用的语言之间的一一对应关系，他发现两个方程竟然是等价的！理论的结果涉及今天的希格斯粒子的存在。将这个宇宙中赋予粒子质量的理论预言的粒子称为希格斯粒子，是因为后来苏格兰物理学家希格斯和其他几位物理学家几乎同时独立地发表了相似的工作。

设想宇宙中充满了称为希格斯场的一种场。在宇宙还非常年轻的时候，希格斯场具有完整的对称性。接着，正如在超导体中所发生的现象，随着宇宙温度的降低，希格斯场的对称性自发破缺了，这时希格斯场在原初对称性存在的抽象数学空间中有了一个特定的"方向"。[2] 于是希格斯场产生了"重量"，它使粒子具有了质量。由于场能够被激发而形成波，同时根据量子理论的波粒二象性原理，波也是场，这样我们获得了希格斯粒子。

这个过程也可以从另一个角度来考察。当光（长波长的电磁辐射，也包含光子）通过超导体时，其行为仿佛它有了质量。这是一个非常奇特的效应：光速变慢，似乎变得行动迟缓，似乎它由实物粒子构成。南部建议同样的想法可以用于推导粒子的质量。

这种观点认为大爆炸产生的所有粒子都是无质量的。但空间自身仿佛一个包含一切的巨大超导体。在这个介质之内,某些粒子获得质量,但光子仍然无质量(戏剧性的是,当光子穿过真实超导体时,其行为如同有质量的粒子)。那些弥漫于全宇宙空间赋予粒子质量的类超导体是什么呢?就是我们所称的希格斯场。这种场的作用由一种称为玻色子的粒子实现的,它是一种带有相互作用力的粒子,我们称其为希格斯玻色子。

然而南部阳一郎到这里就停止了研究,这使得他感到非常遗憾,因为那可能直接导致他对宇宙中所有粒子获得质量的神秘机制作出正确解释(或许中微子除外,可能存在另外机制)。南部阳一郎后来说:"事后我非常遗憾没有对规范场质量产生的一般机制作出更细致的研究,我应该对当时关于希格斯粒子的描述投入更大的关注。"[3]

然而一个严重的复杂问题从意外的方向出现了,这使南部阳一郎停下了研究思路。1962年,英国物理学家戈德斯通(Jeffrey Goldstone,目前在麻省理工学院工作),在萨拉姆和温伯格的帮助下证明了一个定理。这个定理说当一个连续对称性破缺后,将有无质量粒子出现。尽管如同南部阳一郎所期望的,通过对称性破缺,物理学家确实可以得到粒子的质量项,但是有一个代价:同时产生了其他无质量粒子。事实上根据戈德斯通定理,准确地讲应该称成为戈德斯通—温伯格—萨拉姆定理,从原初对称群破缺的每一个自由度,产生一个无质量粒子。例如假设原来的数学空间是四维的,一旦对称性破缺,比如说新的空间是二维的,这时一定有**两个**无质量玻色子出现。由于从未观测到这样的无质量玻色子,所以这个定理引起了巨大的问题。

该怎样除掉这些令人厌烦的玻色子呢?没有人能回答这个问题。因此戈德斯通定理使得许多行家放弃了尝试建立质量产生模型的关键想法。没有质量的粒子物理学对于其粒子意味着什么呢?

诺贝尔物理学奖得主、美国物理学家菲利普·安德森(Philip W. Anderson)在从事凝聚态物理学研究的过程中推导了这个理论的核心内容。菲利普·安德森1923年出生于伊利诺伊州，他的父亲是伊利诺伊香槟大学的一位植物病理学教授。年轻的安德森喜欢旅行、划船及野营活动。他父母的朋友中有许多物理学家，他们鼓励安德森从事物理学研究。

安德森在他父亲休假时在欧洲待了一年。这个经历使他深刻认识了广阔的世界与全球范围内的思想交流。他中学时成绩优秀，最终被哈佛大学接受，在哈佛大学他完成了所有学位，包括在施温格指导下获得物理学博士学位。他选择了凝聚态物理学中的超导现象进行研究。

1957年，前面提到的BCS理论在超导体研究领域中变得十分重要。BCS理论通过电子的行为解释了神秘的超导现象：揭示了库珀对如何形成，其行为如何类似玻色子而非费米子，怎样导致能隙。今天我们将这些类比于粒子物理学中的质量来理解。

在场论中，场的激发被视为真实粒子，回忆一下，在量子力学中波是粒子，同时粒子也是波，因此场的波动，即激发组成粒子，这种在晶格或超导体中运动的粒子称为**声子**（phonon）。

重正化理论是物理学家用来消除经常困扰其方程的他们不愿看到的、非物理的无穷大解的技术，这种技术不仅在粒子物理学中使用，同样在凝聚态物理学中也应用。这样凝聚态物理学和粒子物理学成为使用相同工具和观念的领域。在我采访安德森关于他的工作时，他告诉我："当BCS理论出现后，我们才最终理解了场论，并在凝聚态物理学中有效地使用。"[4]

安德森看到难缠的戈德斯通定理后，就一直致力于凝聚态物质方面的对称性破缺的研究。这个场论中的结果表明在凝聚态理论中，与粒子物理学一样，如果发生对称性破缺，即正常物质自发转变成超导体并形成库珀对，必然出现无质量粒子。

但安德森在凝聚态物质对称性破缺后并没有发现无质量玻色子出现。因此他坚信戈德斯通定理并不适用。他意识到其他物理学家没有考虑到的东西。1961年他有一年时间在英国剑桥大学。当时剑桥大学有一批物理学家从事对称性破缺的研究工作，但他们的工作因戈德斯通玻色子问题的困扰而难以进展。安德森与他们进行了交流，他回忆说："我告诉他们，根本没有，根本不存在戈德斯通玻色子。"其中一位物理学家回应说："如果你这样认为，那就写篇文章吧！"[5] 安德森撰写了一篇文章解释为什么戈德斯通定理是不成功的，以及为什么不存在戈德斯通玻色子。1962 年他把这篇文章投到了一份杂志。

这篇文章发表于 1963 年，据安德森所说，希格斯读了这篇文章，这使得他在 1964 年的文章中证明了戈德斯通定理是错的（希格斯的参考文献中没有引用安德森的文章，后来他在 1966 年的文章中也没有引用）。安德森告诉我："他（希格斯）是一个诚实的人，他提到了我的工作，他用一种诚实的方式说明了。"[6]

关于这个工作与南部阳一郎工作的关系，安德森介绍说："南部阳一郎使 π 介子成为戈德斯通粒子，但是他不理解超导体中电磁场是如何起作用的，那是 BCS 机制在起作用。这里没有相对论不变性。"[7]BCS 理论是非相对论性的（它不涉及狭义相对论）：在超导体中，处于极低温度情况下，没有粒子能够运动得很快，因此不需要讨论趋近光速的运动速度，所以也不需要相对论。这正是安德森所证明的，在凝聚态物理学中戈德斯通—温伯格—萨拉姆定理不适用。

安德森证明了戈德斯通—温伯格—萨拉姆定理在超导体中失效，取得这个巨大突破之后不久，他应邀到苏联做讲座。那是在 1958 年，冷战后相对解冻的时期，此时的苏联物理学家非常渴望与他讨论。俄罗斯著名物理学家朗道（Lev Landau）领导的研究组尤其渴望与他会面。还有其他感兴趣的研究组，即位于杜布纳的秘密俄罗斯加速器研究组，但是苏联拒绝允许安德森访问那里。安德森于 1958 年 12 月到达莫斯科，在奇冷的俄罗斯冬天里呆了几天。他回忆说："我们吃了很长时间的午饭，午饭后，天就黑了。"[8]

在哈尔科夫的朗道的研究所里，安德森开始报告，讲座规定的标准时间很快过去了。朗道以从不允许报告人的时间超过一小时而著名。

但是俄罗斯物理学家对安德森关于对称性破缺及戈德斯通—温伯格—萨拉姆定理失效的研究太感兴趣了,以至于朗道允许安德森继续讲了一个小时,这是一个不同寻常的破例。

安德森最终被允许访问位于杜布纳的研究组,但是克格勃特务似乎处处跟踪着他。在一处跟随高级官员访问组视察加速器时,他听到有人小声低语:“喂,赶紧!”安德森赶忙随着他走,在一个空无一人的报告厅里,他遇到一位一直想见到的物理学家,这位物理学家对安德森的研究也很有兴趣。经过大约20分钟的谈话后,三个明显是“克格勃特务”的人走过来,让他重新回到访问人群中。[9]

俄罗斯物理学家认识到安德森工作的重要性,高度评价了他的前瞻性贡献。然而在西方,凝聚态物理学和粒子物理学领域还不乐于接受新的观念,因此安德森观点的传播遇到很大阻碍。而且当时苏联和西方的关系还没有开放,在两个政治集团中科学家仅有很少的交流。安德森关于凝聚态物理学的研究没有得到西方粒子物理学家应有的关注。但是欧洲和美国物理学家各自独立地研究了戈德斯通—温伯格—萨拉姆定理对粒子物理学提出的挑战。基于粒子以高速运动的事实,量子场论——结合了量子力学与狭义相对论——应用到粒子物理学上,则有途径能够避免定理的致命后果。

希格斯在爱丁堡大学获得讲师职位之后不久,于1961年开始研究这个问题,他在爱丁堡大学度过了大部分职业生涯并在那里以教授身份退休。希格斯在伦敦大学国王学院以分子振动谱的论文获得博士学位后就到了他的故乡苏格兰。希格斯在他前六年的大部分时间里奔走于爱丁堡大学和萨拉姆在伦敦大学帝国学院的理论组之间,同时也访问伦敦大学学院。

希格斯在1960年于爱丁堡获得永久职位时,还没确定将研究哪个方向。当他读到南部阳一郎精彩绝伦的论文之后,如同世界上其他物理学家一样,他受到极大的启发。希格斯现在能够从数学上证明,利用规范理论,当连续对称性自发破缺后不会有无质量戈德斯通粒子出现。

刚好一个月以前，即1964年6月26日，《物理评论快报》(*Physical Review Letters*)接收了一篇由两位比利时物理学家，布鲁塞尔自由大学的恩格勒(F. Englert)和布罗特(R. Brout)合作的文章，这篇文章对同一问题提出类似的解决方案。同年10月12日，《物理评论快报》接收了另外一篇完成同样工作的论文，这篇文章由伦敦大学帝国学院的古拉尔尼克(G. S. Guralnik)、哈根(C. R. Hagen)和基布尔(T. W. B. Kibble)完成。[10]所有这些物理学家的研究都从数学上证明了，利用规范理论，戈德斯通—温伯格—萨拉姆定理引发的困难能够被克服。最终，正如凝聚态物理学中那样，规范理论使用定域连续对称性的事实使得戈德斯通—温伯格—萨拉姆定理在粒子物理学上失效。[11]因此大爆炸后极短时间内宇宙冷却，玻色子场的对称性破缺，赋予它自身及其他粒子质量，标准模型依然成立。

希格斯在随后两年里，接着他1964年的文章继续研究，他解释了赋予粒子质量的机制。希格斯说："第一篇文章仅仅说明这种理论不存在障碍。显而易见要做的是，在最简单的规范理论——电动力学上尝试一下，令其对称性破缺，看看会发生什么。"[12]在希格斯完成规范对称性破缺的理论后，他建立了现在称为希格斯玻色子的理论。

《物理学快报》(*Physics Letters*)拒绝了希格斯的第二篇文章。编辑认为这篇文所讨论的内容和物理学没有实际关联。因此希格斯在文章后面补充一段后重新投出，他提示文章中所阐释的产生质量的机制可以在将原子核束缚在一起的强相互作用中得到应用(那时人们还不知道夸克)。这样文章被接受了。希格斯推测："大概是由于这段文字，才将希格斯玻色子归功与我。"[13]

显然希格斯认为安德森能够完成他与其他人所做的工作。希格斯曾说："安德森本该完成我所做的两件事，他应该证明戈德斯通定理的错误，同时他也应该能够建立一个简单的相对论性模型来显示那是会发生的。因此每当我做关于希格斯机制的报告时，我总是从安德森谈起，他是正确的，但当时没人理解。"[14]徐一鸿(A. Zee)所写的一本著名的量子场论教科书就有一章标题为“安德森—希格斯机制”。[15]

让政治家理解希格斯粒子和希格斯机制很困难，而这些政治家是那些能授权政府在科学项目上投资的人，例如在CERN建造LHC，或是在美国得克萨斯州的沃克西哈奇建造业已终止的超导超级对撞机（Superconducting Super Collider，简称SSC）。当美国国会在1993年停止向这个预算120亿美元的项目拨款时，沃克西哈奇附近的部分隧道已经挖掘好了。目前总能量略低的LHC是科学家用来探索新物理学的唯一高级加速器。

1993年，英国科技部部长沃尔德格雷夫（William Waldgrave）试图理解什么是希格斯粒子，以便他可以支持加速器工作，并要求物理学家用一张纸的一面向他解释清楚。他给那位解释得最好的物理学家提供一瓶昂贵的香槟酒作为奖励，要求是让他弄明白。[16]

物理学家用很多有趣的比喻来解释希格斯机制。下面是获奖例子的一个变换说法：在一次拥挤的鸡尾酒会上走进一位明星，他立刻被人群所包围，由于他身边十分拥挤，因而他的速度变慢。这个比喻可以说明粒子（明星）如何获得“质量”。一位不重要的人可以毫无阻碍地穿过房间，因为无“质量”让他变慢。不重要的人类似光子，没有通过希格斯机制获得质量。光子快速通过，而有质量的粒子则在运动中受阻。

现在假设没有新的人走进房间，但一个谣言突然传播开来，聚集的人群使谣言在房间内传播就如同希格斯粒子自身（通过希格斯场——房间内的人群）获得质量。

维克（Michael Wick），一位来自慕尼黑的博士后，说他有一个更好的比喻：“假设一个人跳进游泳池，当他身体碰到水时，他就感觉到了他自己的质量。”[17]埃利斯也讲述了一个解释希格斯机制的很好的比喻，他说：“希格斯场如同雪地，假设你在雪地上行走，你一定能感觉到你的质量——你能感觉到雪对脚的阻碍。再假设雪融化了，你不再感觉到你的质量，也能够轻松行走了。”[18]这个例子中雪融化后的场地比喻为大爆炸后瞬间具有完整对称性的宇宙。随后当温度有些降低，

“雪”出现了,即希格斯场的对称性自发破缺,此时有质量的粒子获得了质量。

希格斯期望他的粒子能够在 LHC 实验中被发现。然而霍金认为他根本不相信希格斯粒子能够被发现,并且愿意以现金打赌。很自然,霍金希望在 LHC 上有另外一项重要发现:瞬间有小黑洞(black hole)的形成,然后按照霍金黑洞辐射定律蒸发。对于大质量黑洞——死亡的恒星,这个过程需要漫长的时间,但是对于极小黑洞,这个过程可以在瞬间完成。对于在 CERN 运行的 LHC,这两位物理学家由于各自的希望与期待不同,站在了相对立的两面。

两人的关系紧张开始于几年前。霍金这位理论物理学家以嗜好就什么能够、什么不能够在实验上发现来打赌而著称,他曾打赌在 LHC 之前运行的 LEP 不会发现希格斯粒子。显然这个赌注让希格斯感觉受到冒犯。LEP 关闭后,霍金在这场赌博中获胜,这可能让希格斯不快。

2002 年 9 月初希格斯和一些物理学家在爱丁堡皇家大道的一家酒店参加一个庆祝晚宴,这个活动是英国粒子物理学与天文学研究学会发起的,以纪念狄拉克做出开创历史的工作的那个夜晚。据说英格兰杂志《独立报》(*Independent*)发文说可能有这样的事情:

……霍金,剑桥大学的数学卢卡斯教授,昨天被抱怨说由于他名声在外,所以总是写出就能得到信任。抱怨者是一位态度温和的退休科学家,不像想象中敢于向被捧为世界上最伟大思想者发难的人。事实上,这位希格斯教授是如此谦和,他甚至不愿意在公开场合称呼一种以他的名字命名的基本粒子——希格斯玻色子——的名称,他更愿意使用一个非个人化的名称——标量玻色子。[19]

**标量**(scalar)意味着与希格斯粒子相关联的场在空间用一个简单的数来表示[相反,矢量(vector)则既有大小又有方向,需用一组数来表示]。这个性质与希格斯粒子的自旋为零有关。作为对比,电磁玻色子——光子的自旋为1。同样自旋为1的玻色子还有传递弱相互作用的两个W玻色子和一个Z玻色子,以及我们将在第十章讨论的胶子。

据说在宴会上希格斯曾说:"吸引他(霍金)进行讨论很困难,他可以用其他人做不到的说法回避讨论。他的名望使得他不容被质疑,这是别人做不到的。"[20]宴会中希格斯的评论首先被《苏格兰人》(*Scotsman*)报导,接着英国的其他报纸,包括《独立报》也报导了这些内容。希格斯立刻向霍金道歉。霍金回信说他没有感到被冒犯,但他依然坚信以后的实验不会发现希格斯粒子,即使是在LHC上也不会。[21] *

一位不愿透露姓名的物理学家(他也出席了希格斯发表评论的那次庆祝霍金和狄拉克工作的宴会)说:"狄拉克对物理学的贡献远大于霍金,但公众并不了解狄拉克。"另外一个人补充说:"批评霍金有点儿像批评戴安娜王妃,你是不能在公众面前那样做的。"[22]

---

* 2014年7月4日CERN宣布发现希格斯粒子后,希格斯让家人备好香槟以示庆祝,而霍金在表达祝贺之余,说道:"我曾经和美国密西根大学的凯恩(Gordon Kane)教授打赌,认为希格斯粒子不会被找到,看来我刚刚输掉了100美元。"——译者

## 第十章

# 希格斯粒子如何诞生在一辆红色科迈罗里并衍生出三个规范玻色子

希格斯粒子想法的现实检验、有效机制的现实应用以及希格斯玻色子真实意义的理论证明，都不是来自希格斯或其他发展出规避无质量玻色子想法的物理学家。出人意料的是，它们来自两位同样出色的物理学家温伯格和萨拉姆。是他们帮助戈德斯通首次证明了他那引起麻烦的定理。

希格斯的两篇论文、恩格勒和布罗特的一篇论文以及古拉尔尼克、哈根和基布尔的一篇论文都关注这样一件事情：规范理论是戈德斯通定理的一个例外。基于对规范理论的这一设定，他们证明，一个特殊的李群可以发生一个自发的对称性破缺，进而从理论上产生质量并且没有非物理的无质量玻色子的伴生。但是，他们当中没有一位给出自然破缺的对称性的正确李群——导出有质量粒子的数学公式。自然选择的产生质量的正确机制由温伯格、萨拉姆和格拉肖的工作确定。他们集体的研究不仅让我们理解了宇宙产生质量的真实过程，而且实现了另一伟大成就：自然界四种力中两种力的统一，即电磁作用力和弱作用力。他们的成就是现代物理学的最伟大胜利之一。

任教于哈佛大学的施温格在研究生中十分有名，并且常常同时指导十多名博士研究生。这使得他没有足够的时间来指导每位学生。不过,他给学生们如此深刻的建议,以至于他们毕业之时就做出了出色的研究工作,并且许多人已经成为自身研究方向的带头人。没有比格拉肖更鲜明的例子了!

1957 年,也就是杨振宁和米尔斯关于对称性和规范理论的论文发表三年后,施温格在《物理年鉴》(*Annals of Physics*)上发表了一篇开创性的论文,文中他概述了粒子和场相互作用的数学观点。物理学家开始相信,如果规范不变性(大自然的一个连续的对称性,它的性质由李群表示)对电磁理论适用,而且正如杨—米尔斯证明的那样可以拓展到同位旋的非阿贝尔情况,那么也许自然界的其他力也能由规范原理成功地描述。通过研究费米子和玻色子在理论方面的行为,施温格认识到需要假定存在一个新的粒子,该粒子负责 β 衰变过程的介质——即一个弱核力所依赖的粒子,造成中子发射出一个电子和一个反中微子(我们前面曾经提到过这种反应的过程)。

但是,施温格的新粒子是不容易被发现的,不仅是因为那时所要求的能量实验无法达到,而且还因为他假设的粒子最终会衰变成至少三个粒子(依赖于弱相互作用的种类):一个带正电的粒子、一个带负电的粒子和一个中性粒子。施温格在文章中做的另外一件事是提出电磁相互作用和弱相互作用或许是一个物理力的两种不同的表现形式。这一点他的读者可能并没有注意到,因为他处理得十分巧妙。

不过,施温格把这个高明的想法更清楚地告诉了他的学生格拉肖[昵称谢利(Shelly)]。2009 年 5 月我在波士顿大学格拉肖的办公室对其进行了采访。正如格拉肖叙述的那样:“施温格告诉我,他发现弱相互作用和电磁相互作用十分类似:都是矢量型,并且都具有普适性。”[1] “矢量型”意味着它们通过一个矢量玻色子发生相互作用——一个自旋等于 1 的玻色子。“普适性”表明它们适用于若干种不同类型的系统。考虑到施温格如此之忙,和有如此之多的学生需要指导,这一提示已经足够了。格拉肖走上了研究物理学中这两种力之相似性的道路,在此之前,这两种力一直被视为两种截然不同的实体。

格拉肖1932年生于曼哈顿。他有两个哥哥,一个比他大18岁,另一个大14岁。他的父母在20世纪早期从俄罗斯的博布鲁伊斯移居到美国,以逃避哥萨克人对犹太人的迫害。他的父亲非常勤奋,在纽约建立了一个成功的水管公司。父母都十分重视教育,格拉肖的一个哥哥成为了一名牙医,另一个是内科医师。最小的儿子却对伽利略的落体定律十分感兴趣,而且在自家房子的地下室里做一些相当危险的化学实验。格拉肖中学时代就读于著名的布朗士科学高中。这所学校曾走出了许多杰出的科学家,其中就有格拉肖的高中同学、诺贝尔奖获得者温伯格。

两位高中时期的同学之后都在康奈尔大学继续学习物理学,那里他们碰到了其他年轻聪明的自然科学方面的同学,并且遇到了充满活力的教授,整个环境里充满了新思想。大学毕业以后,格拉肖在1954年被哈佛大学录取,继续攻读博士学位,在那里,他在施温格的指导下开始了自己的研究工作。

格拉肖的博士论文是关于基本粒子衰变中矢量介子的,着重突出了施温格的思想:弱相互作用和电磁相互作用应该在一个统一的理论下工作。1958年,宾夕法尼亚大学的布卢德曼(Sidney Bludman)建议,一个特殊的李群在构建弱相互作用模型时应该有用,而且杨—米尔斯理论已经打开了研究这类理论的大门。[2] 布卢德曼是对的,弱力确实遵从一个李群的规范结构,但是,他并未联合处理弱作用力和电磁作用力,而是试图单独处理弱作用力。当格拉肖在1958年完成博士论文之时,布卢德曼的文章已经发表。格拉肖和施温格即刻着手做一篇尝试统一电磁作用力和弱作用力的文章。但是,如他本人所述:“唉,我们中的一个人把最初的手稿丢了,事实就是这样。”[3]

那时,格拉肖已经获得了受美国自然科学基金支持的博士后职位,计划到莫斯科的苏联科学院列别捷夫物理学研究所工作。他的这一博士后职位得到了该研究所的俄罗斯科学家和哈佛大学的物理学家的大力支持。俄罗斯人对粒子物理学领域怀有持久的兴趣,并且渴望得知他们的美国同行正在做的事情——尤其因为当局严格限制进出苏联的各种信息。俄罗斯科学家和美国科学家之间的会议被视为仅有的获得研究领域有效信息和报告的交流方式。

格拉肖决定在欧洲等待去往苏联的签证,所以在 1958 年 9 月,他坐船到达英格兰,从那里转往哥本哈根,希望同玻尔召集到自己研究所里的来自世界各地的物理学家展开合作。"玻尔研究所非常棒。"当我们聊到他的经历的时候,格拉肖这样告诉我。[4]

格拉肖回忆到,在哥本哈根,他经常同玻尔一起吃午餐,玻尔叼着他那有名的烟斗。他还记得研究所里的智慧的激励。在欧洲的这几个月里,他还访问了 CERN,CERN 前几年才刚刚成立。"你今天在 CERN 看到的高大的建筑物那时就有了,"他说,"但是,我的办公室被安排在一个既舒适又宽敞的楼里,今天那里只有实验的管理者才能使用。"[5] 在新兴的 CERN 和成熟的哥本哈根研究所之间存在着很强的共同点:它们都是为了致力于世界各国科学家的合作而建立起来的国际性研究所。这就是这个令人兴奋的地方的优势之一,这里新思想可以被发展、推广和探索。两个研究所为渴望开始学术生涯的年轻物理学家提供了令人羡慕的机会。

当经过巴黎时,格拉肖遇到了那时已经很有名的盖尔曼,并且接受了他的指导。他们二人还将在物理学研究工作上继续合作很多年。实际上,在他从欧洲返回之后,格拉肖还会横跨美国宣讲盖尔曼的工作。

正是在哥本哈根的玻尔研究所和 CERN 期间,即 1958—1960 年,格拉肖做出了将电磁作用力和弱作用力统一到一个规范模型中的伟大工作。期间,他一直在等待苏联的签证,那个最终都没来的签证。格拉肖的论文《弱相互作用的部分对称性》(Partial Symmetries of Weak Interactions),1960 年 9 月被接受,并于 1961 年发表在《核物理》(*Nuclear Physics*)上。[6] 该工作最终使他获得了诺贝尔奖,与他共享诺贝尔奖的还有温伯格和萨拉姆。

在欧洲的那段时光，格拉肖享受着美好的生活：他去滑雪、远足、参加舞会，还横穿大陆，“有时和一位女性朋友，有时自己一个人。”在他1988年的自传中如是说。[7]有一次，在哥本哈根，他收到了一位瑞典姑娘的纸条，上面注明了姓名和电话号码。因此，他给她打了电话，登上了去往她所住城市的渡船。到那之后，发现她只是一个16岁的高中生，刚刚和男朋友分手，请求格拉肖带她参加聚会以使她前男友嫉妒。格拉肖勉强拒绝了与受冷落的追求者的争斗，尽快地返回到需要更多大胆的智慧——但是更安全——的挑战中，即回归他在哥本哈根正在做的工作。

格拉肖的模型统一了弱相互作用和电磁相互作用，这是一个伟大的进步，但是将两种力更紧密地捆绑在一起还需要做更多的工作。假想的以规范玻色子为弱相互作用介质的机制还不得而知，这些玻色子自身的自然属性依然是个谜，而且统一的过程还没彻底搞清楚。

与此同时，希格斯的工作、恩格勒和布罗特的工作以及古拉尔尼克、哈根和基布尔的工作在同一年即1964年出现。这些结果暗示着一个机制的存在，我们现今称其为希格斯机制，该机制使得粒子通过自然的对称性破缺获得质量。但是，这三篇文章的涌现旨在证明对称性如何能在不产生无质量戈德斯通玻色子的前提下被破缺。希格斯1964年的文章甚至没有直接处理质量，仅在“无质量玻色子”的解释部分提到了这一词汇。恩格勒和布罗特的文章和古拉尔尼克、哈根和基布尔的文章都提到了有质量的规范玻色子，此外，希格斯1966年发表的第二篇文章确实也提到了这一点。但是，他们都未能走得更远。

比自然界物质如何获得质量更重要的是，弱相互作用的介质规范玻色子在理论上被确定为有质量——而不是像电磁作用力的规范粒子光子那样无质量。但是，希格斯和其他得到对称性破缺相同结论的物理学家都未能向前走出必需的重要一步，也没能证明赋予这些玻色子质量的真实机制。深刻的洞察，如基于希格斯机制统一弱作用力和电磁作用力的真实的规范理论所涉及的公式，以及弱作用力玻色子质量的获得，都来自于我们时代的两位最伟大的物理学家——温伯格和后来的萨拉姆。

温伯格1933年出生于纽约城，就像格拉肖和其他20世纪做出重要工作的顶级物理学家那样，他的父母专注于为孩子提供最好的教育，并且培养他们对学习的热情。温伯格在很小的时候就知道他终生想要从事的事业了。在他的自传中，他回忆到，他的父亲经常鼓励他对科学的兴趣，他说："在我15或16岁的时候，我的兴趣就已经集中到了理论物理学。"[8]

1950年，从布朗士科学高中毕业后，温伯格到康奈尔大学继续学习，并于1954年毕业。同年，他与康奈尔大学的尚未毕业的学妹结婚，她就是路易丝·温伯格(Louise Weinberg)，现在是田纳西州的一名知名律师，同时还是田纳西大学的法律教授。温伯格没有马上到研究生院攻读博士学位，而是决定前往哥本哈根，以十分年轻的年龄去走一条年纪大一些的杰出物理学家要走的路，他们当中的大多数都已经取得了博士学位并且已经确定了研究轨迹。温伯格想要走在前沿科学的前头，即使他仅仅只有大学学历。他申请了一个富布莱特基金，以使自己能够到玻尔研究所学习。玻尔建议富布莱特基金委员会哪些人应该得到基金的支持，但是却反对温伯格获得。"这并不是玻尔针对我个人，"温伯格在奥斯汀的田纳西大学物理学院的办公室里向我解释道，"他只是认为，不懂丹麦语的外国学生无法通过在他的研究所的学习而受益。虽然研究所的科学会议是英语的，但是课程一般都是丹麦语的。"[9]

但是温伯格是不会被语言问题阻挡的。在不知道玻尔拒绝的时候，他还为了同一个目的申请了美国自然科学基金，显然玻尔并不是该基金的顾问。当温伯格一家到达哥本哈根时，玻尔热情地欢迎了他们，温伯格深情地回忆他们与玻尔共进的一个愉快晚宴。"我的妻子紧挨着玻尔而坐，这并不怎么样，因为玻尔大部分时间都在用丹麦语喃喃自语，她根本不知道他在说些什么。"[10]

在玻尔国际研究所的热闹环境中,温伯格遇见了传奇的物理学家,例如海森伯和狄拉克。唉,他们对温伯格没起到什么帮助。“海森伯只关心自己的工作,对年轻人在做的工作不感兴趣。”温伯格遗憾地说。[11]另外,狄拉克,建立了相对论量子理论(现代粒子物理的理论框架)的科学家,没有帮助有志向的年轻物理学家的个性。

不过年轻一些的同事们对温伯格帮助很大,他深情地回忆弗里希(David Frisch)和卡伦(Gunnar Kallen)如何帮助他做真正的物理学研究,即使他还未进入博士课题。在哥本哈根学习了一年之后,温伯格一家回到美国,温伯格在普林斯顿大学继续攻读博士学位,并于1957年获得博士学位。10年之后,在1967年秋天,当身为麻省理工学院的访问学者,并且兼一个女婴的父亲需要每天处理许多日常琐事的时候,温伯格做出了他最伟大的突破。

温伯格已经对一个有趣的问题研究了好几个月,企图理解强核力的某些性质。他正在看各种类型的李群以及它们如何作用在上夸克和下夸克上——这是被称为核子内强相互作用的“味”对称性(类比于色对称性)——而且正在研究这一对称性如何破缺。他意识到,或许他能找到一个对称性,这个对称性既是定域的又是非定域的。这意味着在空间的任何一点都有定义,而且允许在不同的位置取不同的值。这一性质使得这个对称性非常有力。如果他能找到,他认为他将会满足杨—米尔斯规范理论的要求。温伯格考虑了两个可能的李群,但是都不对,所以他没取得什么进展。[12]

之后的一天,当他驾驶着自己的红色科迈罗时,突然想到,这条思路的主线可能在尝试理解另一个问题时能真正发挥作用——弱相互作用。他认识到,他发展的方法能解释弱核力的行为,而不是强核力。他认识到,自己并没有错:他只是研究错了问题而已!

顿悟片刻之后,温伯格看到了合适的李群,并且认识到这个群可以被用来统一弱作用力和电磁作用力。(这一进展完全独立于格拉肖的早期工作。)温伯格还意识到,他刚刚发现的对称性自发破缺生成一个更小的李群，也就是圆周转动的李群，与电磁相互作用中所采用的相似。[13]

由于他所得到的是一个杨—米尔斯规范理论，满足定域对称性，所以他发现它神奇地产生了一个无质量的玻色子——电磁理论中常见的光子，而不是戈德斯通的“臭名昭著”的玻色子，而且剩余三个有质量的玻色子。它们就是带电的重粒子 $W^+$ 和 $W^-$ 以及一个中性玻色子，温伯格命名为 $Z^0$。这三个玻色子确实通过希格斯机制获得了质量。

如同茨维巴赫向我解释的那样，希格斯场最初包含四个分量。[14]当对称性自发破缺时，“两个 W 和一个 Z 分别吃掉一个分量，获得质量，并且遗留一个希格斯粒子等待我们去发现！”[15]

电弱理论（electroweak theory）至此被彻底统一，各个部分各就各位。温伯格甚至能估算有质量矢量规范玻色子的质量。后来，实验证明，两个带电 W 粒子重约 80 GeV，中性 Z 粒子重约 91 GeV。

审视一个极其复杂的物理局面、发现适用的准确的对称性以及确认可用于模型的李群，我被这一过程深深地迷住了。我问温伯格他是如何做到的。“你尽管猜，”他回答道，“然后你可以证明猜想是否正确。”[16]在他那雕刻精美的手杖的帮助下，他走到办公室另一侧的黑板前，画下了 β 衰变的费恩曼图。“我看到电子和反中微子从中子的衰变中跑出来，”他解释道，“并且，我想到那里一定有某种规范理论使得两个轻子相互联系。”他还补充说，他的模型对夸克同样适用，但是由于他侧重于研究电子和反中微子，所以他为发表在《物理评论快报》上的著名论文取名为“一个轻子的模型”。[17]β 衰变过程的费恩曼图所示如下。

这篇文章仅有两页半（包括参考文献和致谢），但是它却是史上最重要的物理学论文之一。温伯格的论文在很多年里都被大部分人遗忘了，直到物理学家开始注意到它是多么重要。温伯格所做的就是找到了大自然对称性自发破缺的正确规范对称性。通过希格斯机制赋予弱相互作用力的三个玻色子质量，并且保持光子无质量——因此不仅可

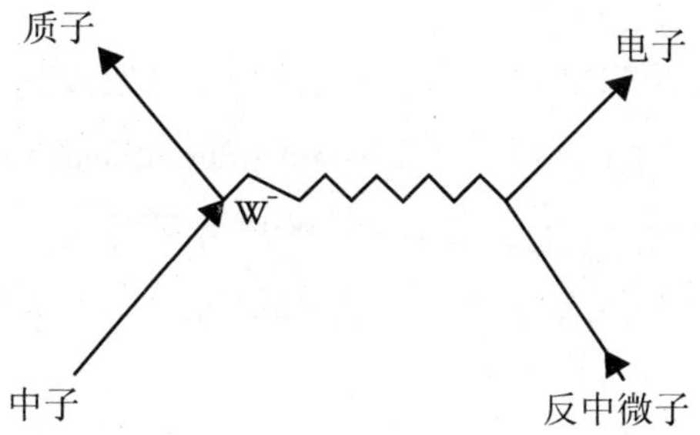


**图 10.1** 温伯格分析的 β 衰变过程（$W^-$ 是弱相互作用的规范粒子之一。反中微子的箭头与出射方向相反，这是因为反粒子被视为一个沿着时间轴逆向飞行的粒子。）

以使三个力的携带者获得质量，而且使所有有质量的粒子获得质量（中微子除外），并且随着原始对称性的破缺，使得弱作用力和电磁作用力分离，也就是说，使得在宇宙极早期曾经统一的力破缺。此外，他甚至能估算三个弱作用力玻色子的质量。他在两页半的文章中做了这一切！《一个轻子的模型》无疑是史上最致密丰满的科学论文之一。在 CERN，温伯格的理论将以更激动人心的方式被实验所证实。

萨拉姆出生在贾汉，那里在 1926 年之前曾属于印度，如今是巴基斯坦的一个农业州。他的父亲是该州教育部门的公务员。萨拉姆是一名异常出色的学生。14 岁时，在旁遮普大学举行的预科考试中，他取得了有史以来最高的积分。凭借这一成绩，萨拉姆获得了就读这所大学的奖学金，并于 1946 年获得硕士学位。然后，他获得了英国剑桥大学圣约翰学院数学与物理学专业的奖学金。在那里，他的研究工作如此之好，于是剑桥大学授予他史密斯奖，以表彰他在获得博士学位之前对物理学的杰出贡献。[18]

萨拉姆随后在剑桥大学理论物理学专业获得博士学位。他关于量子电动力学的论文发表于 1951 年。同年，萨拉姆返回故乡——从印度分离出来的巴基斯坦，开始在拉合尔的政府学院讲授数学。1952 年，他升任旁遮普大学数学学院的院长。不过，1954 年他获得了剑桥大学的一个授课席位。

数年以后，萨拉姆来到意大利的的里亚斯特，成立了阿卜杜勒·萨拉姆国际理论物理学中心（Abdus Salam International Centre for Theoretical Physics，缩写为 ICTP）。ICTP 在 1996 年萨拉姆去世之后还一直存在，是一个聚集世界各地理论物理学家的研究中心，大家暂时离开自己的工作单位，到这里互相交流与学习。

萨拉姆与泡利关系非常好。1956 年，萨拉姆在西雅图出席了一个学术会议，他乘坐一架美国空军运输机返回伦敦。飞机上坐满了士兵和他们又哭又闹的孩子，萨拉姆在旅程中实在无法入睡，于是他在脑子中推导了一个有关对称性破缺的理论，该理论涉及中微子。萨拉姆这样描述他所做的事情：

我迟疑我接下来能去哪里，显然应该是日内瓦的 CERN，去找苏黎世附近的泡利——中微子之父。那时，CERN 位于日内瓦机场外的一个临时木屋内。除了我的朋友普伦特基（Prentki）和德帕尼亚（d'Espagnat）之外，临时营地内还有烹制 CERN 的主食——黄油牛排——所需的燃气灶。[19]那里还有麻省理工学院的维勒斯（Villars）教授，他于同一天拜访苏黎世的泡利。我把我的论文交给泡利，他第二天就还给了我，写着神谕般的话："代我问候我的朋友萨拉姆，并指点他想些更好的东西。"[20]

泡利断然否定了萨拉姆对自然界统一力的想法，这令萨拉姆感到很吃惊。但是他猜测这一反应或许是泡利厌恶爱因斯坦企图统一引力和电磁作用力的转嫁。泡利曾经说过，这两个力"不可能结合——因为上帝已经将它们四分五裂了"。[21]但是 8 年后，希格斯机制已被认为是避免戈德斯通定理的一种方式，温伯格和萨拉姆从中看到了一种统一电磁作用力和弱核力的方法。1968 年，萨拉姆完成了自己关于电弱统一理论的文章《弱相互作用和电磁相互作用》（*Weak and Electromag-*

*netic Interactions*)，这里他给出了如何借助定域规范对称性的自发破缺规避戈德斯通定理带来的问题、规范粒子质量如何导出，以及电弱统一理论如何得到。

萨拉姆在自己的诺贝尔奖演讲中感谢了许多物理学家的贡献——那些"希格斯机制"的奠基者（希格斯机制可被证明赋予规范玻色子以及其他粒子质量）：

> 我不想过分详细地讲述菲利普·安德森、希格斯、布罗特和恩格勒，以及古拉尔尼克和基布尔开始于1963年的广为人知的贡献。他们证明，应用自旋为零的场的自发对称性破缺如何能产生矢量玻色子的质量，并且能同时打败戈德斯通。这就是所谓的希格斯机制。电弱理论的最后一步由温伯格和我自己（帝国学院的基布尔指导了我有关希格斯粒子的现象）完成。[22]

萨拉姆一生保持着与巴基斯坦的联系。他同时有两位妻子：一位是巴基斯坦人，另一位是英国人。萨拉姆与巴基斯坦妻子的婚姻是包办的，他们育有一个儿子和三个女儿。后来，他爱上了一位他不可能拥有的年轻姑娘，他说绝望情绪促使他决定前往英格兰。在那里，他与英国妻子路易丝·约翰逊夫人（Dame Louise Johnson）结婚，她是一位牛津大学教授，他们育有一子一女。

显然，萨拉姆保守他双重婚姻的秘密达8年之久，仅是在对一位朋友倾诉时说道："你知道，我还有另一个妻子。"路易丝夫人在她丈夫去世后若干年后接受了一家新闻报纸的采访，她说："在我们相遇那时，他已经是一位杰出的物理学家了。我了解他的工作，而且已经在学习物理学，所以我被他的能力深深打动……当然，还有一些与他相关的事情拉近了我们之间的关系。他在英国统治时期长大，而且十分精通英国文学，特别是浪漫主义文学。接触那种传统对他有一些影响。"[23]

1979年，萨拉姆的两位妻子都来到了斯德哥尔摩参加诺贝尔奖颁奖典礼。瑞典官方担心一个前所未有的礼仪问题:瑞典国王怎么能接受一位诺奖获得者有两位妻子呢?一些人甚至害怕文化习俗的冲突会造成巴基斯坦和瑞典间的外交危机。最终找到了一个解决办法:两位女士被分别安排,彼此不相邻,并且坐在接待大厅的两个不同方向。[24]官方对这一罕见情形的巧妙处理保证了大家和谐相处,而且避免了未曾有过的外交问题的出现。[25]不过,颁奖典礼的听众不断地去看坐在不同方向的两位女士。后来,每位女士分别参加了一个为她们丈夫举行的独立的庆祝会。

萨拉姆被描述为对待几乎所有事情都不拘泥于礼节和传统,“拥有如此美好的生活和欢笑,像海狮一般狂啸的笑声回荡在帝国学院理论组的走廊当中。”[26]一些人还认为他有着令人生畏的个性;的确,他的学生试图避免和一个曾经追着他们布置任务的严格教授来往。[27]

但是,我们如何知道温伯格—萨拉姆理论确实是正确的呢?温伯格—萨拉姆模型可重正化——意思是该模型不受产生无意义的无穷大问题的影响,那些已经困扰物理学中许多模型的问题的证明由杰拉德·特霍夫特(Gerard 't Hooft)完成。

特霍夫特出生于荷兰的登海尔德,他的家族属于荷兰科学界的杰出家族。特霍夫特的舅公策尼克(Frits Zernike)发明了一种新型的显微镜,并因此获得1953年诺贝尔物理学奖。这一显微镜发明之后,他将显微镜推荐给生物学家使用,并且向他们演示利用这台显微镜如何能看到活细胞。

策尼克的妹妹是特霍夫特的外婆,她和另一位著名科学家结婚,即她从前的教授彼得·尼古拉斯·范·坎彭(Pieter Nicolaas van Kampen)。她的儿子、杰拉德·特霍夫特的舅舅尼古拉斯·高德弗里德·范坎彭(Nicolass Godfried van Kampen)是乌德勒支大学理论物理学教授,后来成为他外甥的指导老师。当还是个学生的时候,有人问杰拉德长大后想做什么,他回答说:“一个无所不知的人。”他那时还不知道“教授”一词,但是他已经知道做一个了不起的人意味着什么。[28]

特霍夫特的高中物理老师曾经用过一本由自己和一位同事合编的教科书。特霍夫特发现了一处物理学上的错误,而且在他著名的舅舅的帮助下,向老师证明了这一错误。结果,“这一页在该书后来的版本中再也没有出现。”[29]

在他舅舅的指引之下,特霍夫特在乌德勒支大学学习理论物理学专业。在那里,他师从一位年轻有为的粒子物理学家韦尔特曼(Martinus Veltman)。韦尔特曼怀疑特霍夫特在学校的出色成绩是受到了他家族声望的影响,想测验一下这位他正在指导的大学生的能力。[30]因此,韦尔特曼把杨振宁和米尔斯关于非阿贝尔规范理论的论文给了他。很明显,这不是一位大学生能完成的,因为文中的数学、物理学思想、方程和推导甚至能难倒准备充分的博士生。但是精英家庭出来的初出茅庐的学生着实让他的教授吃了一惊,他很好地消化了这篇文章,完全理解了它。在此之后,他们二人开始密切地讨论杨—米尔斯理论。

特霍夫特发现杨—米尔斯论文是一篇“格外精彩的文章”,它漂亮、寓意深刻并且很特别。但是,看不出它有什么用。“它描述了大自然中并不存在的粒子,”韦尔特曼告诉他的学生,“但是,在某种修正后的形式中,它们可能存在。”[31]修正形式是什么样子?特霍夫特问自己。他发现,“存在着许多和戈德斯通理论相关的混乱”。“这是人们过于依赖抽象数学而不深究细节之寓意的一个案例。”特霍夫特解释说。[32]他在2009年5月接受我的采访时告诉我,他从来不相信从戈德斯通定理中推导出的无质量玻色子的存在。[33]

1969年,特霍夫特成为韦尔特曼的博士研究生,韦尔特曼让他从若干物理学问题中选择博士学位要研究的课题。可是,没有一个比难度极大的杨—米尔斯模型的重正化问题更能吸引他的兴趣。1970年夏天,特霍夫特参加了科西嘉岛卡尔热斯举办的理论物理学暑期学校。会议选在这里是因为当地的日照时间比法国任何地方都长。一些最好的理论物理学家在此相聚,也正是在这里,特霍夫特在研究杨—米尔斯规范理论方面取得了第一次进步,结果表明,无穷大最终可以很好地消掉，并且模型会给出完美的物理学意义。[34]

韦尔特曼和特霍夫特随后一同工作，使得这一规范理论能够起作用。韦尔特曼决定利用计算机完成大部分的计算。当时，计算机是研究理论物理学的一个崭新工具。他应用早期笨重的计算机工作。这些计算机被放置在计算机中心，输入方式是早期的打孔纸带（那个年代直接输入数据的键盘尚未发明）。

最终，韦尔特曼和特霍夫特能够证明杨—米尔斯规范理论是可重正化的。这是理论粒子物理学方向的一个巨大突破。他们在1999年一同获得了诺贝尔物理学奖。借用另一位诺奖得主萨拉姆引用美国粒子物理学家科尔曼（Sidney Coleman）的话："特霍夫特的工作把温伯格—萨拉姆的青蛙变成了迷人的王子。"[35]但是，这一理论需要坚实的实验证据才能完全建立。这很快由令人惊叹的CERN的发现完成。

1973年，拉加里格（Andre Lagarrigue）发现了支持温伯格理论的第一条证据。CERN委任位于巴黎西南部萨克莱的法国核物理研究中心建造一个功能强大的气泡室。该气泡室可以用于CERN加速器进行的许多实验。法国工程师建造了一个大小如同小型研究用潜艇的大气泡室，外形也很像潜艇，以钢材料为主体，并且有许多舷窗，如今被漆为橘黄色。他们将其命名为加尔加梅勒（Gargamelle），她是贪婪巨人高康大（Gargantua）的母亲，这一名称来源于16世纪法国作家拉伯雷（Francois Rabelais）的讽刺文学作品《巨人传》（*Gargantua and Pantagruel*）。这一气泡室确实非常巨大：重25吨，运行时还会装满18吨的氟利昂或丙烷。

利用加尔加梅勒，CERN从20世纪70年代开始了一系列的实验。在1972年5月的一次会议上，科学家委员会设法说服实验室的领导者允许他们进行一个非优先的实验，即在名单上仅被列为第八位的可以应用气泡室的实验：寻找可疑的"中性流"（neutral current）。流，如我们日常所知，就是导线中或其他导体中带电粒子的流动。这是由电磁作用力主导的相互作用。一个中性流是指中性粒子的流动，中性粒子

**图 10.2** 在 CERN 展览的著名的加尔加梅勒气泡室，物理学家佩塔尼亚站在旁边，他背后就是欧洲大气泡室（阿米尔·D·阿克塞尔供图）

即不带电的粒子，是由弱核力产生的粒子。那时，鲜有人相信这种流存在。但是，温伯格的中性玻色子 $Z^0$ 会是这样的中性流的传播介质，如果自然界中它们真的存在的话。

CERN 的拉加里格和他的同事们立刻开始工作，产生出了很强的中微子和反中微子束流。这些中微子和反中微子交替地从一个加速器发射出来，它们的束流被集中在加尔加梅勒气泡室中。如我们所知，中微子极不易与物质发生相互作用，但是来自加速器的这些粒子的束流强度如此之大，以至于每隔一段时间加尔加梅勒气泡室内部的液体就会借助粒子产生的气泡痕迹记录一次中微子或反中微子的信号。偶尔中微子也会在与物质发生反应后留存下来。这一情况的发生就是中性流存在的证据，因此也就为温伯格 Z 玻色子的存在提供了间接证据。

可是，这些玻色子在哪里儿呢？必须有人准确地找到它们。温伯格预言的中性玻色子 $Z^0$ 和两个带电玻色子 $W^+$ 和 $W^-$，最终通过发生于在 CERN 新建造的超级质子同步加速器加速中的正反质子对撞而发现。该实验由意大利物理学家鲁比亚领导的团队完成。在这一实验中,荷兰的物理学家范德梅尔在加速器方面做出了重要贡献。W 玻色子携带一个单位的电荷,+1 或 -1,取决于它们出现的相互作用的种类(释放一个电子和一个反中微子的 β 衰变过程的介质粒子是 $W^-$ 玻色子,相反,释放一个正电子和一个中微子的反 β 衰变过程的介质粒子是 $W^+$)。$W^+$ 和 $W^-$ 互为反粒子。两个 W 玻色子都很重——这就是为什么我们很难探测到它们,每个质量约为 80 GeV。第三个弱相互作用的玻色子 $Z^0$,不带电荷(自己是自身的反粒子),因此以它为介质的反应没有电荷,具有更高的质量 91 GeV(温伯格估算它的质量大于 80 GeV)。这是一个质子质量的 1000 倍。

正因如此,发现 W 和 Z 粒子是一个艰巨的挑战。它们的成功探测是 CERN 两个小组的 135 名科学家夜以继日刻苦工作的结果,其中一个小组由鲁比亚领导。科学家分析了大量数据。带电 W 玻色子(每个粒子衰变前仅仅存活 $3\times10^{-25}$ 秒)在 1983 年 1 月被发现,中性的 $Z^0$ 玻色子(寿命同为 $3\times10^{-25}$ 秒)四个月之后即 1983 年 5 月被发现。诺贝尔委员会没有浪费任何时间并且采取了一个非常规步骤,授予鲁比亚和范德梅尔第二年的诺贝尔物理学奖。

相比于证明弱相互作用玻色子的存在所需要的相当可观的计算量而言,如今 LHC 的工作需要更加庞大的数据分析。不过,在过去的 20 多年间,计算机技术已经向前跨进了一大步;即便如此,LHC 的工作仍然需要数以千计的通过一个网格连接在一起的计算机来完成,这些计算机来自世界各地,通过万维网分配计算任务。

在鲁比亚团队和同样应用 SPS 工作的第二个小组所完成的首个 10 亿对撞事例中,总共有 6 个 W 粒子被发现。后来,通过分析另一个 10 亿对撞事例,又发现了 5 个 W 粒子。[36]如今,通过分析更大的加速器中的粒子对撞事例,数万个 W 玻色子和百万个 Z 玻色子已经被发现。作为弱作用力行为介质的三个玻色子在 CERN 的发现构成了温伯格、萨拉姆和格拉肖弱电统一理论的有力证明。这也使得物理学家更加坚定地相信标准模型(电弱统一理论是标准模型的一部分)的正确性。物理学家现在相信,发现希格斯粒子——负责赋予三个新的弱相互作用玻色子和其他有质量粒子质量的神秘粒子——是最重要的事。

即便并没有囊括引力效应,粒子物理学标准模型被普遍认为是现代物理学的最伟大成就(许多物理学家认为它是物理学中最伟大的模型),因为它不仅解释了许多已知现象,而且准确地预测了许多现象。标准模型证明各个群以及群与群之间的粒子如何相互关联,大自然的力——电磁相互作用力、弱相互作用力和强相互作用力——如何通过具有特殊性质的介质玻色子与粒子发生相互作用。然而,据我们所知,标准模型并不能解释所有的事情。除了不能处理引力效应之外,它还不能解释粒子的质量,不能允许在宇宙早期三个力的完美统一。

当标准模型被反推至大爆炸之初很短时间的时候,标准模型的三个力不能汇集于一个点——物理学家认为它们应该统一在那个大爆炸得出的极高能量的区域。最后一点,标准模型也不能解释暗物质和暗能量的存在,它们是从太空中发现的最神秘的东西。

但是,标准模型是我们目前拥有的粒子物理学的最佳模型,并且格拉肖、温伯格和萨拉姆的成就——大自然的四个力中的两个力的统一,是现代自然科学的伟大进步。电磁作用力和弱作用力表面上看起来非常不同。电磁作用力是作用在电子上的力,介质粒子是无质量的光子;它是长程力,回想一下,磁铁可以影响远处的物体,或者想一下,闪电能从高高的大气层中击中地面上的一个点。弱作用力是短程力,力程在原子核内;这个力由非常重的介质粒子传播——两个 W 粒子和一个 Z 粒子。然而,两个力之间的深层次的理论相似性促使三位诺奖得主相信,并且最终证明,电磁作用力和弱作用力确实是一个统一力的两个方面,统一力的对称性破缺于宇宙早期。

电弱统一理论,正如它的名字那样,给物理学家带来了新的希望:物理学的最终理论将成功地统一大自然的四个力。此外,四个力的强度的外推(沿着大爆炸的时间轴向回走)显示,这些力“想”在大爆炸之后的能量水平上回到一个点——但是它们不能完全回到这一点。这促使一些物理学家假设,或许标准模型不是物理学的最终形式,并且我们应该寻找另一个理论,一个将更好匹配这些力的理论,一个在刚刚发生大爆炸的时期能够统一这些力的理论。我们将在第十一章和第十二章分别讨论最有希望实现这一目标的两个理论。第十一章首次引领我们超越标准模型,我们将探讨 LHC 可能发现的物理现象——那些能揭示并阐述自然科学最前沿的某些疯狂的、未经检验的模型。

# 第十一章

# 暗物质、暗能量和宇宙的归宿

爱因斯坦的广义相对论被普遍认为是物理学中一个完美理论的典范:爱因斯坦方程被物理学家认为是美的,或者叫做优雅的。这是什么意思呢?

爱因斯坦理论通过简洁得令人惊讶的方程描述了一个非常复杂的时空实体,这个方程中的参量少得不能再少了。因此这个理论符合所谓奥卡姆剃刀(Occam's razor)原则:最简单的理论或许是那个唯一正确的理论。或者,按照爱因斯坦自己那个有名的说法,一个理论应该"尽可能地简单,但不能过于简单"。

有一个起决定作用的强有力的空间对称性,称为广义协变性(general covariance),说的是物理学定律不依赖于我们用来标记时空的坐标系。例如,某座假想城市中第二大道第三十四街和第四大道第十九街之间的距离不应该依赖于我们对大道和街的编号(假如十字路口都是直角,且街道等间距分布的话)。这种对称性是爱因斯坦模型的逻辑基础,而且使后者变得优美。这种对称性对于解释物理学定律也是必要的。在爱因斯坦之后,优雅性的想法在物理学中已经很有生命力,不仅因为这样会得到在美学上让人愉悦的方程,而且因为优雅性似乎对于解释自然界确实管用。好看的方程更倾向于是正确的——自然界喜欢美。

下一个伟大的物理学模型——标准模型(也是基于对称性而构建的一个理论)——的成功激励着物理学家去寻找更多的在数学上和美学上令人赏心悦目的模型。因为他们抱着如下信仰:那样的模型对于描述自然界来说更倾向于是正确的。但是大自然总是遵循这样的原则吗?在这一章和下一章里我们将遇到几个相对比较新的物理学理论,它们都是在20世纪的后三分之一时期里发展起来的(虽然它们的起源可以追溯到20世纪的前三分之二)。它们都被认为是美的和令人兴奋的,令人深思和追寻起来很有趣味。但是至今没有哪怕是一点点的实验证据能够支持其中任何一个理论。

另一方面,也有一些**物理现象**到目前为止不能被很好地解释。因此,也非常需要尝试用这些优美的理论来解释目前无法解释的现象,而且物理学家希望至少其中某些奥秘是可以用这些优美的新理论中的一个或几个来解开的。对至少其中某些模型的终极测试也许就寄托在LHC的工作上。

自19世纪20年代起我们就知道,宇宙是在膨胀的。但是,对于这种膨胀的速度随时间的变化,我们知道得并不多。许多物理学家假定,由于万有引力在空间无限延伸,宇宙中所有质量之间的相互吸引最终将会减慢大爆炸造成的膨胀,并使宇宙在非常遥远的未来向其自身塌缩。然后也许将会发生另一次大爆炸,而这只是(宇 宙)出生、死亡、重生的反复循环的一部分。

尔后在1998年,这种自然界的乐观的哲学思想和再生的能力被彻底粉碎了。两组天文学家,即由珀尔马特(Saul Perlmutter)领导的伯克利小组和由基施纳(Robert Kirschner)领导的哈佛小组,各自独立地宣布了他们关于遥远星系退行速率研究的惊人发现。他们报告说,宇宙的膨胀不是减速的而是**加速的**。这意味着宇宙将会永远膨胀下去,除非某种奇迹般的力量介入以至于压倒了膨胀。在非常遥远的未来,宇宙将会变得极其稀疏,并随着其所有的恒星烧光了它们的核燃料而最终死亡。

这些发现成为了科学上的大新闻——没有人预料到它们。从数学上来说这种加速膨胀的诱因是一个被长期抛弃了的常量,被称为宇宙学常量或者 Λ,这是爱因斯坦在 1917 年就最早用到他的宇宙模型中的。他这么做是因为虽然他的模型宇宙倾向于膨胀,但是那时的天文学家告诉他宇宙是静态的。因此爱因斯坦在他的方程里添加了他称为 Λ 的一项(他用希腊字母来表示)来使得宇宙不膨胀——这样他错失了实际上可以理论预言宇宙膨胀的机会!

当爱因斯坦知道了 1929 年斯里夫(Vesto Slipher)、哈勃(Edwin Hubble)和胡马森(Milton Humason)等人关于空间膨胀的发现之后,他带着厌恶扔掉了 Λ 并发出了他有名的呼喊:"可以远离宇宙学常量了!"但具有讽刺意味的是,要得到一个**加速膨胀**的宇宙,可以通过在爱因斯坦方程中引入像 Λ 这样的项来实现,即 Λ 项实际上会加速宇宙的膨胀而不是阻止它。

无论是否通过 Λ 来实现,科学家无法识别出使得宇宙加速膨胀的力。不可避免的结论是,有一种未知的神秘的**能量**渗透于整个空间中——有**某种东西**在那里,它无处不在,作为一种影子似的力量不停地"推动"着时空的每一根纤维,压倒了万有引力并且把空间往外推。这是一种离奇的力,它不能被看到或感觉到,除非通过加速宇宙膨胀这种作用。这种看不见的能量被称为**暗能量**。

暗能量的发现将宇宙中的另一个谜推向了前台,这是自从 1933 年被加州理工学院的瑞士裔美国天文学家茨维基发现之后就一直困扰着科学家的谜题。在仔细研究了星系对它们自己的恒星和它们所在星系团中其他星系的总体引力拉拽效应之后,茨维基得到一个不可避免的结论就是这与应有的数量不相符:他通过星系中所有的恒星和星际尘埃估算出的星系质量远远不能提供足够的引力以阻止它们彼此飞散开!因此他下结论说宇宙中必须包含远多于通过望远镜能看到的质量。这种神秘的下落不明的质量现在被称为**暗物质**。

所有后来数十年的天文学研究,虽然使用了越来越强大的望远镜和同样不断改进的分析方法,却一直没能解决茨维基发现的总已知质量与通过星系的集体引力推断出的总质量之间的不一致。因此,宇宙中所有丢失的质量究竟去哪儿了?暗物质至今仅仅是从它对普通物质的强大引力作用而被推测到。它似乎并不像普通物质那样参与电磁相互作用。我们看不见也摸不到它,但是我们知道它一定在那儿,因为没有它就不可能有足够的引力使得恒星和星系聚集在一起。

科学家现在相信,宇宙中总共有96%的质量—能量(回忆一下爱因斯坦的质能方程告诉我们二者是等价的)是看不见的,其中73%是暗能量,23%是暗物质,而且剩下的4%中几乎所有的质量—能量也是气体和尘埃。在可观测的宇宙中只有0.4%的质量—能量以发光星体的形式存在。[1] 因此,暗物质占据了宇宙中所有物质的85%。

计算表明,这些丢失的物质不太可能是藏在黑洞里或者解释为中微子。虽然它们也极为丰富而且不太与其他物质发生相互作用,但是它们的总质量合计起来也远不能达到那些丢失的量。目前,没有人知道我们宇宙中这一数量巨大的丢失质量的本质。

探索宇宙中能量和质量的这一对奥秘——暗物质和暗能量,现在被科学家们认为越来越紧迫,因为它们使得所有企图揭示它们本质的努力都落空了。因此,人们正在全力搜索看起来构成全宇宙四分之一的暗物质的候选者,并试图解释暗能量。天文学家、天体物理学家和宇宙学家已经在试图从大尺度领域解决这两个重要问题的尝试中处于困境,他们需要带着这些疑难求助于粒子物理学家——研究微观世界的专家。粒子物理学家们对这一挑战的回应是尝试探寻超出标准模型的物理学。

在寻求暗物质候选者的过程中,物理学家们提出了许多可能性,其中包括奇异物质,即一些离奇的、假想的粒子,而不是在我们周围的物理世界中看得到的任何实体。物理学家们构思出来的一些潜在的暗物质候选者是如此神秘，以至于标记它们的是一些字母（如“D”表示“黑暗”和“X”表示“未知”）和一些名字比如Q球（表示团状的物质）、轴子（axion）、s轴子（saxion）等。到目前为止，这些奇异的实体还只存在于想象中，但是如果任何此类的离奇物质在LHC的发现中被确认，毫无疑问，我们关于宇宙结构的认识将被改变。

一些科学家建议，暗物质或许能通过它们的相互作用被看到：当一个暗物质粒子遇到一个暗物质**反粒子**时也许会湮灭，同时放出我们能探测到的能量。如之前提到过的，由一个欧洲科学家联合团体在2006年发射的PAMELA卫星就在太空中寻找反物质。它也在搜寻这种相互作用存在的证据，即暗物质粒子与暗物质反粒子的湮灭。

按照密西根大学粒子物理学的学术带头人凯恩（Gordon Kane）的说法，最近的PAMELA数据与这种湮灭过程是相符的，这也许提供了暗物质存在的一个间接证据。[2]

对LHC实验结果的最大期望，除了发现希格斯粒子以外，就是这个对撞机也许能发现通过推广标准模型的对称性而从理论上预言一组新粒子中的一个或者更多，这样可以帮助我们认清一些宇宙中丢失的质量。

夸克中的对称性带给我们量子色动力学和对新粒子的预言；轻子的对称性带给我们温伯格—萨拉姆—格拉肖电弱统一理论。因此，有了自然界中的对称性这一概念的巨大成功之后，一些物理学家就问自己，同样的想法能更进一步延伸吗？特别是，标准模型的对称性可以被扩大到直接将更多的粒子联系在一起并由此预言一些“新”粒子的存在吗？

让我们看看下面这个分组：

**夸克　　轻子**

**玻色子**

物理学家们考虑了两个拓展标准模型的方向。一种方法是试图找到能够将夸克和轻子都联系在一起的对称性；另一种方法是寻找能够将所有的费米子(即夸克和轻子)与玻色子联系起来的对称性。

1974 年萨拉姆和他的同事巴蒂(Jogesh Pati)写了一篇文章,建议夸克的色荷可以被推广为四种而不是通常的三种,这第四种色将允许在夸克模型中包含轻子。与此同时,哈佛大学的格拉肖和乔治(Howard Georgi)开始寻找一个可以将所有的夸克和轻子都放在同一数学模型之中的杨—米尔斯规范群。他们选定了一个更大的新的李群,它将标准模型包含在内,同时将夸克和轻子通过单一的对称性联系。[3] 物理学家们称这种方式为**大统一理论**(grand unified theory)。但是不要让“大”这个字误导你——这种理论只在一定限度的意义上是大的:它将夸克和轻子统一起来。乔治—格拉肖模型是第一个大统一理论。

大统一理论的一个重要预言是夸克可以转化为轻子。特别是,一个这样的理论意味着质子终将衰变为一个轻子(因为电荷守恒,因此必须是带一个正电荷的反粒子)。这种相互作用对于宇宙的命运有一个沉重的意蕴:经过足够长的时间,**宇宙中所有的强子物质都将消失**!如果这个理论是对的,那么在非常遥远的将来,质子会崩溃,使得原子核瓦解,最终宇宙中将不会有原子,只有单个的电子、正电子和中微子在一直膨胀的空间中飞行。

但是质子衰变从未在实验上探测到,科学家们现在通过观察放置在地下很深处的大池里的水来寻找质子衰变已经很多年了,他们不断在搜寻无法用别的东西来解释的辐射。日本的超级神冈探测器项目在寻找中微子振荡之外,也探测质子衰变。在超级神冈探测器项目工作的科学家们最近报告说,如果质子衰变是真的,它也必须在至少 $8.2 \times 10^{33}$ 年以后才能发生(之前的估计是至少 $10^{32}$ 年)。因此,看起来好像我们在近期还不会有解体的危险。

目前,我们尚不知道质子是否会衰变,因为这种过程的证据仅仅是理论上的,而且依赖于带有特殊假设的数学模型,其中的假设并未经过检验。质子看起来非常稳定,但是关于它在经过极长的时间之后也许会衰变的猜测已经出现很多年了。指导过布鲁克黑文实验室的戈德哈伯(Maurice Goldhaber)曾经希望实验发现质子衰变,他早在四分之一个世纪以前就说过:“质子也许是永生的,但是如果它会死,就让它死在我的手里!”[4]

物理学家们探讨过的标准模型的第二种扩充是试图将玻色子和费米子包含在一个对称群中。这个想法叫做**超对称**(supersymmetry)——这是一种比标准模型的对称性更大的对称性,它将标准模型作为一个子群包含在内。超对称常常被简称为SUSY。

超对称的想法在20世纪70年代就在苏联被发展起来,但是苏联人的工作很多年间并不被西方人所知。1971年,盖尔范(Yuri Golfand)和里克特曼(Evgeny Likhtman)开始构造了一个超对称场论,两年后另一对苏联物理学家沃尔科夫(Dmitri Volkov)和阿库洛夫(Vladimir Akulov)在理论上发现了第一个破缺的超对称。在与苏联人互不知晓的情况下,加州大学伯克利分校退休教授、意大利物理学家朱米诺(Bruno Zumino)和他已故的奥地利同事威斯(Julius Wess)约在苏联物理学家们研究这一问题的同时发展了超对称的想法。

威斯曾在维也纳大学学习,在那里受到了薛定谔的影响。在遇到威斯的时候,朱米诺已经是教授,而威斯那时还是一名研究生。他们在一起开始研究物理中的对称性,构想着如今许多物理学家认为格外优雅的自然模型。有人称之为“美丽的SUSY”。[5]

作为它早期的理论成功中的一项,SUSY解决了自然界中四种力强度变化的问题。如之前提到的,在标准模型中,三种力在遥远的过去(刚大爆炸后的一刻)并不太一致,但它们在超对称下却可以一致。而且如果沿着时间往前追溯,引力也许也可以与其他三种力相一致。

因为自然界中的三种力(或者在一定的条件下是四种力)在超对称下在宇宙的早期是一致的,所以超对称给我们提供了力的统一。当宇宙冷却下来,原始的对称性自发破缺之后,几种力才分道扬镳。而如果我们使用SUSY模型,我们可以看到一个大的对称性曾经存在过。

早期的统一和对称破缺，使得这个模型相当优雅地成为一个将所有力在创生之时拴在一起的理论。

超对称的另一个好处是超对称理论的行为很好。这个理论的重正化更不费力——理论中的无穷大比在标准模型中更容易去除。

在2007年威斯去世之前两个星期，他在德国卡尔斯鲁厄大学SUSY07国际超对称大会上做报告。他非常希望看到LHC启动的日子，那时计划是在2008年。很不幸的是，威斯没有活到可以看到LHC是否能验证他和朱米诺的理论。在他的大会报告中，威斯强调了超对称的想法以及这个想法是怎么将他和朱米诺引导到超对称的：

> 以某种方式，对称性是被每个人都意识到的。我想值得一提的是，大约30年以前，实验上有强烈的兴趣观察猿能够学到多少东西。一个目标是看猿如何学画画。其中一个实验里，在一张纸的一边画了一个点，然后让猿试着在另一边画上一个点以保持对称。那正是我们在物理学上所做的事情。[6]

SUSY的想法是让每一个玻色子都有一个费米子伙伴——对称地放在纸的另一边的那个点。同等地，一个费米子也有一个玻色子伙伴。这些伙伴叫做超伴子(superpartner)。但是因为玻色子和费米子的数目不相等，必须有更多的粒子被“发明”出来并添加到模型中以使这两组粒子的数目完全一致。一些这种由模型所需要而尚未被探测到的粒子正是暗物质的绝佳候选者。

标准模型中的规范玻色子在超对称的世界中具有费米子伙伴，它们叫做规范微子(gaugino)。例如，胶子有一个超伴子叫做**胶微子**(gluino)；W玻色子的超伴子叫做**W微子**(wino)。**荷微子**(chargino)是一种带电粒子，是若干粒子的量子混合物；而**中性微子**(neutralino)是一种中性粒子，同样是量子混合物。如我们在讨论中微子时所见，后缀“微子”(ino)是意大利语“小”的意思(手机在意大利叫做telefonino)，这好像是这种命名规矩的源头——也许是费米命名中微子的背后想法的延伸。而你不会猜不到，希格斯粒子的超伴子就叫做**希格斯微子**(higgsino)。

其他超伴子是通过加前缀"s"来命名：有s轻子和s夸克——它们是标准模型中轻子和夸克的超伴子。特别地，底夸克的超伴子叫做s底夸克；顶夸克的超伴子叫做s顶夸克；而在s轻子的部分，我们有比如s－τ子之类的。根据一种理论，s夸克和胶微子也许是最重的超伴子。[7]

在SUSY类的模型里，有一些接近标准模型，而另一些则更复杂因而离标准模型更远。与粒子物理学标准模型最接近的超对称模型叫做最小超对称标准模型(minimal supersymmetric Standard Model，缩写为MSSM)。这个现代物理学中强大的理论构造有很多的拥护者和工作者。它的局限是看起来不能解释宇宙中很多丢失的物质。为了解释暗物质的来源，需要更多的极端假设。一个更进一步的模型是NMSSM——近最小超对称标准模型(next to minimal supersymmetric Standard Model)。标准模型的这两种最小延伸都包含一些可能被LHC对撞实验所证实的新粒子候选者。然而，更复杂的超对称模型需要更高的粒子束能量来观察它们预言的现象，因此这些理论更不可能会被证实。在比这还要高的能量级别，我们知道有弦模型，这将在第十二章讨论。

暗物质问题对于物理学家来说是如此紧迫，以至于当LHC开始运行时，对于发现暗物质来源的关注与试图发现希格斯粒子同样多。由于超伴子(即使已经发现)可能也无法贡献足够的整体质量以解释所有丢失的部分，一些科学家已经提出了甚至更加古怪的理论。

在LHC启动日的前夕，有一些工作在粒子物理学前沿的物理学家在几个高度专业化的大会上做了报告，勾勒了通过这个巨大对撞机的工作来证实超对称的一些可能途径。我下面会描述在这些大会上展示的理论的某些细节，只是为了让你知道这些理论粒子物理学最前沿的研究工作是什么样子，以及这些前沿研究者工作的丰富程度。

**引力子**(graviton)是假想中传递引力相互作用的玻色子，但它从未被观测到。如果引力子存在，那么根据理论它的自旋必然为2。请记住，W玻色子、Z玻色子和光子、胶子都是自旋为1；而希格斯玻色子自旋为0。

有一种理论叫做**超引力**(supergravity)，这是包含引力的超对称推广。这个理论预言了**引力微子**(gravitino)的存在——这是引力子的超伴子，标准模型中W玻色子和Z玻色子的超伴子的类似物。根据最近的评估，引力微子也许是暗物质的一个好的候选者。[8] 汉堡大学的布赫缪勒(Wilfried Buchmüller)在波士顿的SUSY09超对称讨论会上就报告说："引力微子也许是一个天然的暗物质候选者，但是我们不知道它的质量是多少。"[9]

有人相信在超对称理论中暗物质粒子的另一个绝佳候选者是**胶微子**。请记住这个粒子在超对称的世界里是我们的世界里胶子的类似物。物理学家们相信胶微子可以通过衰变为喷注和s-τ子而被探测到。[10]

根据约翰·霍普金斯大学的桑卓姆(Raman Sundrum)的说法，自然界有一个"暗领域"和它的"暗粒子"，与聚集在"SUSY领域"的超对称伴子隔绝开，也与"标准模型领域"隔绝开。"暗力"操纵着"暗领域"，而"暗领域"里的光子就是"暗光子"。[11]桑卓姆"暗模型"的依据是他所谓的"暗物质景观"——这是他对一些最近的研究报告的解释，这些"景观"是由卫星记录到的无法解释的现象，桑卓姆将其比作"UFO景观"。

除了所有这些要素之外，桑卓姆的模型也包含一个**弦论**要素，叫做**膜**(brane)[源自"薄膜(membrane)"一词]，各种领域都依附于其上。有一个隐藏领域存在于自己的膜上，而且与这个模型的其余部分通过弦论假想中的一个"紧致化"的第五(或者更高)维时空相联系。万有引力传递这些领域之间所有的相互作用，因为暗物质只有在引力效应中才变得可见。桑卓姆模型也包含一个**暗希格斯领域**，给**暗光子**以质量。超对称模型、标准模型和超引力居于相互隔绝的隐藏领域和黑暗领域之间。[12]不用说，这个模型显示了太多的东西，即使对于已经适应了各种千奇百怪的宇宙模型的那些物理学家而言。当然，这个模型过于麻烦和复杂而难以通过爱因斯坦的优雅性检验，但是它确实可以让你知道一些物理学家现在考虑的宇宙模型是什么样子。

你不应该留下这样的印象，即发展超对称是用来解决暗物质问题的。超对称是对标准模型的一种美妙的扩充，它是一些天才物理学家基于对称性的考虑并加以推广的纯理论构想。只是碰巧因为超对称要求存在远远多于今天已知粒子的各种粒子，使得它抓住了解决暗物质问题的希望。它也提供了一种隐约的希望，即在标志刚过大爆炸之后短暂时期的极高能量标度下统一自然界中的各种力，以及作为额外的收获，使得理论的可重正性相对较好。

桑卓姆的精巧模型不但用到了超对称，也用到了弦论中的想法。历史上，超对称和弦论这两种理论是相互联系的：实际上，超对称是由弦论的初期想法启发而来的。而弦论的早期版本就叫做超弦理论（superstring theory）。无论是超引力（包含引力的超对称模型）还是弦论，其目的都是为了统一爱因斯坦的广义相对论和量子场论。

在最近20年里，弦论成为了物理学中最重要的理论之一，因为它被认为是优雅的，而且具有统一理论的能力，这两方面都吸引着许多聪明而年轻的物理学家的注意力。我们接下来将讨论这种理论。

第十二章

# 寻找弦和隐藏的维度

弦论是一个奇怪又漂亮(同时也充满争议)的理论,而我与这个理论的发现者相遇在一个意想不到的地方。意大利人确实很清楚如何举办一个聚会。你不会想到意大利热那亚——一个辉煌早已过去的单调灰暗的地中海港口城市——会成为当代一些最伟大物理学家们前往聚会的地方。但是在2005年10月的最后10天和11月的前几天,他们确实这么做了。他们都为参加一个聚会而来,一个最伟大的科学聚会——德拉科学节(the Festival della Scienza)。这是政治领袖们为了吸引那些世界上最顶级的头脑而构思的。这个全城的科学庆典历时超过两周,由同时在城市各处举办的许多活动组成,可以说给这座坚毅的城市带来了新的繁荣。

完全按照计划,出租车司机早上8:30到我下榻的旅馆来接我,然后我们开上山,开往远比商业区和港口高的地方,到了唯一可以俯瞰地中海的区域。我们转进一个隐蔽的私人车道,当我下了车走近大门时,一个侍者开了门,然后我被带到一个栽了柠檬树的漂亮而芬芳的花园。从我上方的宽阔露台,我可以听到传来的言谈笑语。当我进入别墅的大门,这里的女主人——一个船业大亨的夫人——欢迎我并招呼我去餐桌旁坐下。“吃点松露饭吧。”她笑着说，然后就去招待其他客人了。

我从餐桌旁起身，打算去拿一杯酒，就在那时我看见了他，他正独自站在阳台上，泛灰色的长头发在海风的吹拂下向后飘扬。我向他走过去，并说道：“你一定是韦内齐亚诺(Gabriele Veneziano)吧。”“是的。”他抬起头笑了笑。我们握了手。“你就是发明弦论的人。”我说。他咕哝着什么以示谦逊，然后又点了点头。“唔，其实我并没真打算那样，”他笑着说，“但是我可以告诉你这个故事，如果你有兴趣的话。”我向他表示确实有兴趣。

“当然，我是意大利人。”韦内齐亚诺斜靠在阳台的栏杆上说，一边凝视着我们下方城市的灯光和港口里的轮船。“现在我在CERN工作，同时也任职于巴黎法兰西学院。我经常来往于巴黎和日内瓦之间。”我思量着这该有多冗长乏味，因为我自己也有一次坐火车经历过这段旅途。我记得，法国TGV——列车时速轻松超过480千米的超现代电气铁路系统——在第戎(法国东部城市)突然中止，此后列车就慢速爬到山上，驶向并越过瑞士边界直至日内瓦。

“回到1968年，我刚开始进行物理学研究，”他继续说道，“我去了以色列，到魏茨曼研究所做了一年博士后。有一天我正坐在办公室里，想着电子、质子和中子并摆弄着它们的运动方程。突然之间我心中一亮：这些粒子的行为就像琴弦一样！”他笑了笑，注意到了我脸上吃惊的表情，接着说，“因此我将一些数字放进了方程中，而这似乎管用：这些粒子的颤动非常类似于弦。”[1]

韦内齐亚诺是一位很受尊敬的科学家，他在CERN和法兰西学院的职位也是享有声望的，但是他并没有完全得到由于提出弦论而应得的名声。他这一伟大想法很快被其他人所接纳，一波新理论的浪潮从此涌起。普林斯顿高等研究院的威滕(Edward Witten)和马达希纳(Juan Maldacena)，加州理工学院的施瓦兹(John Schwarz)，剑桥大学的格林(Michael Green)，斯坦福大学的萨斯坎德(Leonard Susskind)，以及其他人，吸收了韦内齐亚诺的想法并在此基础上建立了一个综合的数学物理理论(或者应该说是几个相关的理论)。这个复杂的方程系统及其推论成为了现代物理学的一个重要组成部分,因为科学家们相信它有希望解决物理世界中一些最重要的谜题。但很不幸的是这个理论还没有任何结论被最终证实,其理由看起来是粒子物理学的实验还远未达到能够证明或者证伪弦论的能量级别。物理学家的希望再一次寄托于 CERN 的研究进展。

弦论设想我们的宇宙中额外维度的存在,而根据希伯来大学的理论物理学家贝肯斯坦的观点,质量的来源不一定是由于希格斯场。质量也可能来自维度约化(dimension reduction)——即基于十维或者十一维的宇宙以某种方式"降解"为仅有四维可见的时空。质量可以通过这种过程呈现出来。[2] 但是我们并不确切知道时空是不是十维或者十一维的。同时,通过维度约化来产生质量也不一定要诉诸弦论。

1995 年,哈佛大学的斯特罗明戈(Andrew Strominger)和瓦法(Cumrun Vafa)利用弦论来计算黑洞的熵,发现他们的结果与贝肯斯坦和霍金导出的黑洞熵公式是一致的。黑洞熵的推导成为了弦论的一个主要成果。这就显示了,至少从理论上说,弦论能够导出重要的结果。但是弦论仍然充满争议。2005 年,即在这个突破的 10 年后,当牛津大学的杰出数学家彭罗斯(Roger Penrose)和我在意大利谈起弦论时,他告诉我:"他们唯一的成功,就是黑洞熵。"[3] 但是很多物理学家对于弦论的威力和前途却更为乐观。

弦论与杨—米尔斯规范理论的想法有很强的联系,而后者是现代物理学的支柱,因此它并没有脱离理论物理学中较早的部分。"规范对称性在那儿是因为我们想要处理带自旋且质量为零的粒子——自然界似乎喜欢它们。"韦内齐亚诺告诉我,而且又补充说规范对称性是唯一可以做到这一点的途径。"我们不知道自然界为何选择带自旋的无质量粒子,但是它似乎喜欢量子弦,"他说道,"规范理论和广义协变性去除了自然界中的附加自由度,因此它们是除掉理论中不想要的成分的方法——去除坏的自由度的方法。"[4] 他创造的弦论与规范对称性相处得很好。

这里面的一些想法可以追根溯源到所谓的卡卢扎—克莱因理论。1926年,瑞典犹太裔物理学家克莱因(Oscar Klein)和德国数学家卡卢扎(Theodor Kaluza)证明了,如果在爱因斯坦的四维时空上再加上一个额外的维度,那么爱因斯坦的广义相对论和苏格兰数学家麦克斯韦的电磁理论(于1864年提出)是可以统一在一起的。

当一个理论具有比我们感知到的四维时空更多的时空维度时意味着什么?一个理论的隐藏维度究竟是什么?这不是一个容易回答的问题。后来才知道统计学家、经济学家、社会学家关于额外的维度比很多其他的人有更好的直觉,因为他们与多维的数据打交道。当你得到很多变量的信息,比如在经济学研究中收入、健康、工龄、教育水平,每月的食物、娱乐、住宿和交通支出等都知道时,每一个变量都可以被看作是该**经济学**问题的一维。通常利用计算机分析来试图估计这些变量之间的关系。作为我们对于这个世界的几何直观的一种延伸,这个问题也就成为一个几何的问题(涉及斜率和截距):维度简单地说就是所研究的变量。研究者把一个变量关于另一个变量的斜率理解为响应参量:比如,当收入增加时,在娱乐方面的支出会相应于收入几倍地增加。研究者不必寻求"想象"一个八维左右的完整空间。但是在物理学中,我们寻求粒子、力、空间的真实物理性质,因而很难将维度看得像经济学家或者统计学家那么抽象。

当我还是一个小孩儿的时候,一位数学家告诉我一个极好的例子来说明物理空间的一个额外维应该像什么样子。他在一张纸上画了一个正方形,说:"这是一个监狱,而你是一个被关在里面的囚犯。你怎么出来呢?"我思考了一会儿,然后他告诉我:"你只要通过第三维爬出来就行了!"他指着那张纸,点了一下正方形的内部,抬起手指,然后又落到正方形的外面。"那里,"他说,"你已经到了墙外面。你通过第三维跑出来了。"而后他进行了下一步,向我解释如果我想从一个三维的监狱里面逃出来也是一样的。"只要通过第四维爬出来就行了。"他说道。这个想法与我如影随形。对我来说，时空的额外维是某种我看不见的东西，但它也许在那儿。这个附加维度的行为就像我们在日常生活中看到的那些通常的维度，它可以让你从一个地方到另一个地方而不需要打破三维空间中的一堵墙。这是一种可以存在于某种数学抽象或者隐藏的环境中的旅行方式。

通过研究弦论的数学，物理学家们发展出了一些模型，其中的方程意味着十维或者十一维的存在。他们由此得出结论，时空本身应该是十维或者十一维的，而不是四维（三维空间加一维时间）。那么这些维度到哪里去了呢？一种解释是它们非常微小，而且被"卷曲"在了我们感受到的四维时空中。如果这样的维度确实存在——与之形成对比的是，在经济学、统计学或者社会学模型中这些维度仅仅是计算机分析的一种策略——那么它们将会在有足够的能量作用到空间时变得可见。因此有一种很小的可能，就是当 LHC 的研究中发现丢失的能量时，一些很小且隐藏的时空额外维也许会以某种方式"展开"并显现为那些消失得无影无踪的多余能量的储蓄池。这就是我们所指的"隐藏维度"，其原始想法归功于卡卢扎和克莱因。

爱因斯坦尝试过构建四维以上时空中的卡卢扎—克莱因模型，但是没有成功。其他人同样如此。这里需要的是一个弦的理论，但这只有在 42 年以后才会发生。

根据韦内齐亚诺的说法，弦论自动是一个引力的理论和规范场论。他说，弦同时也喜欢超对称。最初，他在 1968 年提出弦论是为了解释强子——π 介子和质子的行为。在那里，由于隐藏夸克的禁闭，弦很自然地出现。夸克的内部运动像是看不见的弦在振动。今天我们知道了夸克的存在，而在这个框架下，当将弦论用于解释夸克的行为时，代表胶子（将夸克们紧紧地束缚在一起的玻色子）的弦就是弦论的基本元素。在这样的语境下，物理学中通常的场成为了弦的振动。

关于弦论、它的承诺以及它履行承诺的缺失已经有很多的文章和一些流行的书。其中的一本书甚至称弦论"连错误都算不上"。我认为所有这些描述——无论负面还是正面——都是不公平的和误导的。简单地说,弦论是一个远远比其他物理学理论更依赖于数学并且在数学上更复杂的理论。你究竟是用弦论、超对称还是标准模型,往往依赖于你究竟想用多少数学和什么样的数学。

最终,这些现代的理论都用了规范对称性,因为我们关于宇宙的一些最好的模型依赖于通过群的数学理论建立起来的物理现实和宇宙的对称性之间的这种联系。但是在弦论的情形中,也有完全源自连续拓扑模型的一个非常丰富的背景。除了表示对称性的代数结构之外,我们有流形(manifold)——这是对我们日常感受到的空间(即所谓的欧氏空间)中的曲面概念的推广,而且我们还有某种连续的曲面结构称为膜[brane,如我们提到过的,这个词来自于薄膜(membrane)],各种物理结构依附于其上。这些模型与标准模型及其超对称推广之间的联系是非常紧密而且明显的。如我们讨论过的,当然也有弦的超对称理论,即所谓的超弦理论。

威滕是一位得到纯数学方面的最高荣誉——菲尔茨奖——的物理学家。菲尔茨奖被誉为数学家的诺贝尔奖(因为没有诺贝尔数学奖)。威滕经常坐在数学会议的会场里,问报告人一些不愉快的问题。在2009年5月22日于麻省理工学院举办的“数学和物理学展望”大会上,阿蒂亚爵士说道:“我希望威滕不在听众里……他在吗?如果我把自己的想法告诉威滕,他将在30秒之内告诉我为什么我的想法是错误的。外尔曾经总是问冯·诺依曼(John von Neumann)在不在听众里,因为他也遇到同样的情况。”[5]

威滕对弦论的贡献是极其抽象的(若干年前当我听他在哈佛大学的报告时,我注意到绝大多数的听众都是纯数学家)。如果他高度数学化的理论或者其他人的理论到头来是正确的,它们对于我们理解自然界的影响是巨大的。然而,如我们所见,这些相互关联的关于弦的理论的主要问题在于,它们需要极其巨大的能量才能被实验所证明。当然也有可能弦论的某些预言可以被CERN的实验证实。剩下的其他预言就只能等将来了。

弦论的一个目标是带给我们关于宇宙的终极理论:一个统一粒子物理学与广义相对论的理论,这样可以使得自然界中所有的四种力能被塑造于同一个框架内。温伯格对于自然界中力的统一和利用新理论破译宇宙终极定律的努力表达过抱有希望的态度。“我不知道人类是否足够聪明,聪明到能够破译物理学定律,”他说,“但我希望是这样的。”[6]“但是这能够在有限的时间内实现吗?”我问道。“也许将花费几千年的时间,”他谨慎地说,“毕竟,希腊人想出了原子,而证明原子的存在花费了几千年的时间。”[7] 一种观点认为,可能会有某种深层次的哲学原因[类似于数学中哥德尔(Kurt Gödel)的不完备性定理]阻碍我们获得关于自然界及其相互作用力的完整知识,但他对这种观点嗤之以鼻。而与此同时,在一个“终极理论”完成之前,我们有非常管用的标准模型,这是温伯格和他的同事们给我们的。

然而,我们最终需要的是标准模型的一种包含广义相对论——我们的引力理论——的延伸。当物质变得非常密集、非常重,同时在尺度上又非常小,以至于万有引力和量子力学将联合起来发挥影响时(就如在黑洞内部或者在宇宙极早期的情形),需要一种新的理论来解释自然界。而且到目前为止,我们还没有一个成功的、受到过检验的理论能够把广义相对论与量子场论结合起来。这里需要的是一个关于万事万物的统一理论。“这样一种终极理论会像什么样子呢?”我斗胆问温伯格。“也许是类似于弦论的某种东西。”他答道。然后他就关了灯,缓缓地关上了我们身后办公室的门。[8]

# 第十三章

# CERN会生出黑洞吗

法国塞希的奶牛似乎对黑洞有一种天然的畏惧，至少我第一次看到它们时是这样想的。众所周知，法国奶牛是自由放养的，这使得它们的奶的味道比被迫生活在小隔间里的美国奶牛要好。但是塞希和附近弗尔内克斯村庄（其范围包括LHC的5号点，即CMS探测器所在的位置）的这些奶牛，几乎总是斜靠在标记它们领地边界的树上——尽它们所能地远离LHC。

但是这个地区的人们，无论在瑞士—法国边界的哪一边，对这个就在他们家园下面的大型对撞机的安全性看法却更有分歧。50多岁时从法国城市第戎来的米西（Marie Musy）是一个喜欢交际的妇女，她的丈夫曾参与建造LEP和LHC的隧道。她跟我说："CERN没有危险，绝对没有！"然而，许多人确实有各种各样的恐惧。不久前，CERN搞过一个开放日，这个地区的人们可以来参观实验室。前来参观的人数比组织者预想的多了好几千。人们对辐射和强磁场对这一区域的影响表达了忧虑。担心黑洞危险的本地居民似乎较少。[1] 而这种担心看起来在远离CERN的地区更为普遍。实际上，这种担心源自美国，而且早于LHC的建造。

什么是黑洞？一般来说，黑洞是一种特殊的已死恒星。它是一个大恒星完成正常的生命历程之后的遗迹：大恒星通过核反应烧光了自己的氢、氦和更重的元素之后，到了无法通过核反应产生的辐射压力来支撑起自身“重量”的地步，最终以所谓**超新星爆发**（supernova explode）的形式爆炸。这个死去的恒星就塌缩到一个很小的尺度，而且由于其极端密集的质量，它的引力强大到连光也无法逃脱。“黑洞”这个名字是普林斯顿的杰出物理学家惠勒发明的，据说他创造这个名字只是为了好玩。

首次提出黑洞概念的是两个世纪以前的英国牧师米歇尔（John Mitchell），几年后黑洞的概念又被法国数学家拉普拉斯（Pierre-Simon de Laplace）独立地提出。而现代的黑洞概念是通过爱因斯坦的研究工作以及史瓦西（Karl Schwarzschild）的后续发展才出现的，后者是一名德国物理学家，以第一次得到爱因斯坦引力场方程的严格解而著称。

爱因斯坦关于广义相对论的思想是如此深邃和具有革命性，以至于它彻底改变了物理学。例如，他的理论可以回答这个问题：当引力变得非常非常强的时候会怎么样？这意味着时空的曲率会非常大。在这种极限下，当大量物质变得高度密集，因而引力变得越来越强时，时空的奇异性形成了。这种奇异性［叫做**奇点**（singularity）］就是黑洞——一个通常的物理学定律失效的地方。

史瓦西出生于法兰克福一个杰出的犹太家庭，是一位天才的德国天文学家。作为一个爱国的德国人，史瓦西在41岁时仍然服兵役参加了第一次世界大战。他收到爱因斯坦关于广义相对论的论文时正在东部前线的战壕里。

于是史瓦西着手工作了。他求解了爱因斯坦方程，而这第一个解具有令人震惊的含义。它显示了黑洞是可能的。爱因斯坦引力场方程的这个解是严格的，它指出了一个质点附近的时空几何。这个解被用来演示，如果一个物体的万有引力足够强，那么即便是光也无法逃脱。史瓦西将他的解寄给了远在柏林的爱因斯坦，后者回信表示很吃惊：自己的场方程居然可以这么好地被解出来。此后不久,史瓦西在前线染上了疾病并死于1916年3月。为了纪念他的发现,黑洞的半径(就是当光无法逃脱黑洞吸引时离奇点的最大距离)现在就叫史瓦西半径。

黑洞是某种在理论上无限稠密的物体——它的万有引力是如此之强,以至于连光也无法逃脱。这就是为什么它看起来完全是黑的:它不能发射光,甚至也不能反射光。而且它是一个"洞",因为任何靠近它的东西将会不可避免地掉进去,就像《爱丽丝漫游奇境》(*Alice's Adventures in Wonderland*)中爱丽丝掉进兔子洞一样。1971年,第一个真实的黑洞通过物质在周围盘旋掉落时产生的X射线而被发现。它叫天鹅座X-1,位于天鹅星座。如今我们知道在星系的中心都有巨大质量的黑洞,而且在我们银河系中还有其他疑似的黑洞。

1974年,霍金从理论上发现了黑洞的一个重要性质,现在叫做霍金辐射[Hawking radiation,有时候又称为贝肯斯坦—霍金辐射(Bekenstein-Hawking radiation),以反映贝肯斯坦的贡献]。由于在黑洞表面的量子涨落,黑洞可以辐射掉它的质量,但是这一过程极其缓慢。一个作为死亡恒星的黑洞会在$10^{70}$(也就是1后面跟着70个0)年里辐射完结。

黑洞也可能通过将物质挤压到极大的密度而产生,就像LHC里做的那样。LHC中的每一个质子可以达到7 TeV的能量——那是通过一对质子对撞能够产生的能量(14 TeV)的一半,这大大超过以往加速器中的粒子碰撞能够达到的能量。因此利用LHC我们可以进入一个未知的能量领域,而且制造出在我们的星球上从未看到过的碰撞(除了宇宙线产生的碰撞以外,某些宇宙线被认为具有更高的能量)。

1999年初,就在长岛的布鲁克黑文国家实验室启动它的相对论重离子对撞机(Relativistic Heavy Ion Collider,缩写为RHIC)之前,一种恐惧的情绪就在部分民众之中蔓延——他们担心RHIC产生的高速度和随之而来的高能量有制造出微小黑洞的可能性。这台加速器使以高达99.995%光速运动的金离子或者铜离子相互碰撞,被设计用于研究宇宙诞生之初几分之一秒时的那种极端条件。这台机器的最高能量级别比 LHC 低很多(RHIC 达到过的最高能量据报道是 500 GeV,也就是 1 TeV 的一半,或者说为 LHC 进行质子对撞时的 1/28;我们记得,当 LHC 进行铅核对撞时甚至会产生更高的能量)。

1999 年 3 月,《科学美国人》(*Scientific American*)发表了一篇关于 RHIC 的文章,名为"一次小的大爆炸"。[2] 这篇报道解释了建造 RHIC 的目的就是研究在大爆炸之后的宇宙极早期物质的行为如何。夏威夷的瓦格纳(Walter L. Wagner)看到了《科学美国人》这篇文章,他记得在哪里看到过霍金曾发表理论认为,大爆炸之后的短时间内其极高的能量密度将会产生微小的黑洞。如果布鲁克黑文的加速器可以重现大爆炸后短时间内的那种条件,他自问,难道不会因此而制造出微小的黑洞吗? 而且如果这种微黑洞产生以后,它们难道不会因为吞噬物质而长大,并最终吞没我们整个地球吗? 出于害怕这种事情的发生,瓦格纳给《科学美国人》写了一封信抗议建造 RHIC 的决定。

《科学美国人》的编辑向诺贝尔物理学奖获得者维尔泽克请教瓦格纳信里的问题。后者在回信里声称黑洞或者其他危险产物出现的可能性很小。这封回信随同瓦格纳的信一起发表在 1999 年 7 月的期刊上。维尔泽克的名字由此引起了所有加速器反对分子的注意,而且在将近 10 年后,LHC 即将被开启时,这件事还会困扰着他。

在 1999 年 7 月 18 日,《科学美国人》发表了这两封信之后,伦敦的《星期日泰晤士报》(*Sunday Times*)发表了一篇警告文章,标题是"大爆炸机器可能会毁灭地球"(Big Bang Machine Could Destroy Earth)。[3]《星期日邮报》的文章说 RHIC 里的粒子碰撞可能会产生黑洞,也许将吞噬地球或者产生其他危险的东西。标题的说明文字问道:"这是最后的实验了吗?"[4]

对于《星期日泰晤士报》文章的回应来自世界各地。各地的人们开始担心布鲁克黑文实验室的新加速器将终结我们星球上的所有生命。美国网络"ABC 新闻"技术专栏的一名记者称这个加速器为"末日机器”,谴责该实验室在“玩弄上帝”,而且声称有物理学家告诉过他RHIC 的建造是“人类历史上最危险的事件”。[5]

很多信件涌向科学家和实验室的办公室。一名在纽约的私立学校上学的 11 岁学生写信给布鲁克黑文的主管说:“我简直是哭着在写这封信的。”而很多成年人的来信甚至将加速器的建成与 1962 年古巴导弹危机和冷战相比拟,说他们对于 RHIC 可能带来的恐惧比与前苏联可能发生的最严重危机还要害怕。有一位来信者说,古巴导弹危机和前苏联都没有使他像对这个在长岛的“疯狂”和“种族灭绝”的加速器一样害怕。而且一个(不具名的)新闻组织甚至打电话给布鲁克黑文实验室的公共关系部,质询一个广为流传的谣言是否有真实性——这个谣言说该实验室产生的黑洞已经吞噬了一架由小约翰·肯尼迪(John F. Kennedy Jr.)驾驶的小型飞机。小约翰·肯尼迪的派珀(Piper)私人飞机坠毁在大西洋,他的妻子卡罗琳·贝塞特(Carolyn Bessette)和姨妹劳伦·贝塞特(Lauren Bessette)一起身亡。[6]

布鲁克黑文的 RHIC 加速器还是照计划上线了,而且十多年以后似乎也并没有制造出黑洞或者任何危险的东西。但是 LHC 所能达到的远高于此的能级使得这种恐惧又复苏了。2008 年 3 月 21 日,瓦格纳和他的同伴桑乔(Luis Sancho)在夏威夷填写了一份诉讼,试图阻止LHC 启动运行。这份诉讼被驳回了。在欧洲,洛斯勒(Otto Rössler)填写了自己的一份同样不成功的诉讼。但是这些法律行动得到了媒体的关注,世界各处的人们开始担心起来。

这次黑洞会被产生出来吗?它会吞噬地球吗?在来到 CERN 的几周之前,我在斯坦福大学萨斯坎德的办公室访问了他——这位世界上最权威的黑洞专家之一。萨斯坎德那时刚刚出版了他的《黑洞战争》(*The Black Hole War*)一书,内容是关于他和霍金对于黑洞本质持续了十年之久的争论。我问萨斯坎德,如果我靠近黑洞的话将会有什么事情发生在我身上。

萨斯坎德笑了笑,再次向我保证说 LHC 制造出黑洞的机会微乎其微。[7] 即便我并不担心这种不太可能发生的事件,我还是想谈谈这种可能性,因为我觉得这在理论上是很有趣的。我知道产生黑洞的可能性并不为零。实际上,别的物理学家曾经告诉我,在 CERN 产生出微黑洞的机会是可以预见的——虽然他们紧接着补充道,这样的黑洞将会在几百分之一秒的时间内迅速地蒸发掉。但是两位意大利科学家发表于 2009 年的文章表明,这种微黑洞的衰变也许不像以前想象的那么快——它们也许能维持超过一毫秒左右的时间。而以它们从 LHC 中的质子对撞发射出来的速度,它们有可能在蒸发之前走出一段距离——也许会造成破坏。

萨斯坎德喜欢以其特有的方式考虑各种想法。他抽出一个黄色的便签本,画了一个大大的"X"在上面。"你知道这是什么吗?"他问道。"光锥。"我回答。"对,"他说,"让我们拿一个(光锥)来看看。"[8]

光锥(light cone)代表时空中可以被光线(宇宙中运动得最快的实体)达到的一个截面,因此在给定的场合它代表宇宙中可以被触及的部分。萨斯坎德接下来在从一个顶点发出的光锥上画线,这个顶点代表黑洞中心的时空奇点。"如果我在这里,"他指着一条线上的一点说道,"在一个环绕黑洞飞行的太空船里,我将会看到你凝固在黑洞的表面上——就是所谓的事件视界(event horizon)。但是你将完全感受不到任何异常,直到你降至黑洞的深处,在那里你当然会被挤压致死。"他带着狡黠的笑容说道。[9]

萨斯坎德在他 1997 年发表于《科学美国人》的一篇文章中曾经讨论过这样的不测事件。[10]他的论文《黑洞与信息佯谬》(Black Holes and the Information Paradox)中包含了我所见到的关于一个人掉入黑洞后将要一步步发生的事情的最生动描述。在文中,他讲述了关于两位教授"饶舌人"(Windbag)和"炖牛肉"(Goulash)的故事,他们是死对头,其中一位追赶另一位到了一个黑洞的附近。

(黑洞的)视界将空间一分为二,我们可以将其看作是黑洞的内部和外部……视界就是那个(假想的)写着警示语“有去无回”的地方。没有任何粒子或者信号可以从里面穿过视界来到外面……如果“炖牛肉”一不小心离黑洞太近了,将会发生什么呢? ……他不会感受到任何特殊的事情——没有巨大的力量,没有颤动或者闪光。他的脉搏和呼吸频率会保持正常。对他来说视界就像任何其他地方一样。但是安全地呆在黑洞外面的太空船里观察“炖牛肉”的“饶舌人”却看到“炖牛肉”以一种奇特的方式行动……当“炖牛肉”掉落的时候,他向“饶舌人”挥动拳头,但是“饶舌人”看到“炖牛肉”的动作越来越慢直到停止。虽然“炖牛肉”掉进了视界,但是“饶舌人”却从未真正看见他到达那里。实际上,不但“炖牛肉”看上去似乎慢下来了,而且他的身体看起来就像被压缩成了一个薄层……但是“炖牛肉”不会看见任何不平常的事情,直到晚些时候当他到达奇点,在那里他将被极强的力量压碎。[11]

因此,如果一个黑洞在 LHC 的一个探测器里通过数万亿次粒子对撞产生出来,而且这个黑洞朝我漂移过来,我感觉不到任何事情。在越过无法返回的临界点前我不会对即将到来的厄运有任何预警,而黑洞的视界包围了我。当然,要让这事发生,黑洞必须有很大的质量,因为对一个微型的黑洞来说视界的半径是极其微小的。

但是萨斯坎德指出,在合适的条件下理论上确实可以产生微黑洞。而且他说,如果黑洞带电(携带净的正电荷或负电荷),它将保持一个较小的尺寸,只是部分蒸发,然后再长大,并在某个微观的尺寸附近波动——永远不会完全蒸发。[12]

“它会做什么?”我问,“它会漂移走吗?”他回答道:“它只是一个带电粒子,由于引力的作用将会向地球的中心漂移。”[13]但它当然也可能向其他方向移动。一个微观黑洞会漂向我并穿透我的身体吗? 或者吃掉我?

2009 年 5 月 6 日,我又去找韦内齐亚诺,这位在 1968 年第一个提出弦论的大物理学家,但这次是在法兰西学院他的办公室里,这座著名的学府位于巴黎拉丁区的核心。我们讨论了 LHC。

我可以感受到当这个巨大机器的强大力量被打开时,韦内齐亚诺对于即将到来的物理学进展的兴奋。LHC 的力量比我们以前见过的力量强大得如此之多,以至于一旦开关打开,任何事情皆有可能发生。

"有这么多可能发生的事件,"韦内齐亚诺说,"我们甚至不得不决定哪些是要寻求的而哪些要忽略掉。我们选择关注那些引起大角度散射(large-angle scatter)的事件。"然后他补充道:"在 CERN 讨论过关于寻找引发黑洞的证据。但是我想这种东西真正出现的可能性是很小的。"韦内齐亚诺解释说,一种允许在 LHC 中制造出黑洞的模型依赖于时空隐含维度的存在。[14]

如果一个黑洞真的出现了,而且按照霍金的公式来蒸发,霍金将会非常高兴。"如果 LHC 真的制造出一个微黑洞,而且它并没有吞噬掉这个世界,而是如霍金关于黑洞的工作预言的那样向外发出辐射,直至其蒸发掉,"韦内齐亚诺说,"这将构成霍金辐射的一个实验证据。霍金将因此获得诺贝尔奖。"[15]

在波士顿召开的一个高级别的粒子物理学大会上,我听了一个名为"大型强子对撞机:标准模型之外"(The Large Hadron Collider: Beyond the Standard Model)的报告。CERN 的物理学家德鲁瓦-吉隆(Fabienne Ledroit-Guillon)在报告中说:"黑洞的产生是在 CERN 研究了许多年的一个问题,"她接着说,"黑洞的质量阈值在 9.5 TeV 左右。"德鲁瓦-吉隆在她报告的一个图中显示,在 LHC 中的微黑洞产生将在能量级别 8—9 TeV 开始。[16]目前(2010 年)LHC 激发的能量低于这个水平——为 7 TeV。然而,如果一切按照预定的进度,它将在 2013 年达到它的最高水平——14 TeV。

CERN 发布了一份报告《回顾 LHC 对撞的安全性》(Review of the Safety of LHC Collisions),这份报告是埃利斯和 CERN 物理部理论室其他人合写的——用到了霍金辐射的想法来论证 LHC 的安全性。它也声称宇宙线事件已经首先排除了产生黑洞的可能性。这份报告这样说道：

LHC 在可控的条件下，在实验室里复制了粒子之间的对撞，这种对撞的质心系能量比那些亿万年来轰击地球的某些宇宙线在大气层中产生的对撞所达到的能量要低。我们回想一下宇宙线以高于 LHC 的能量撞击地球、太阳、中子星、白矮星以及其他天体的频度。天体（在这种撞击下）的稳定性显示了这种撞击不可能是危险的……如果某些微观黑洞是稳定的话，那些被宇宙线产生出来的微观黑洞将会停留在地球或者其他天体的内部……任何产生于 LHC 的微观黑洞预期都将在抵达探测器壁之前由于霍金辐射而衰变掉。[17]

这份报告参考了太阳系的寿命时间尺度。这个寿命究竟是多少？从宇宙线得到的真正的证据究竟又是什么呢？我们确实知道吗？

当我 2009 年 4 月 26 日在希伯莱大学拜访黑洞问题专家贝肯斯坦时，我对黑洞和 CERN 所带来的所谓的和真实的危险有了更深刻的认识。1971 年，当贝肯斯坦还是普林斯顿大学惠勒教授的一名学生时，就与霍金在黑洞的问题上争论不休。

贝肯斯坦也解决了一个关于黑洞的重要疑难：它们似乎违反了热力学第二定律，后者认为宇宙（或者任何孤立体系）的熵总是不断增加的。霍金嘲笑过这种想法——他把这种想法作为胡说八道而不屑一顾，而贝肯斯坦则成为笑柄。但是后来霍金不得不收回他的话：贝肯斯坦被证明是正确的。[18]

我问贝肯斯坦："假如生成黑洞，那它们会像什么？它们会漂移到地球的中心吗？"他说他认为它们会带有它们产生时的动量，并朝这动量的方向移动。"它们会跟随一个由所有星体确定的参考系（有点像所谓的马赫原理）吗？"我问。"是的，"他说道，"但是它们一旦受到地球的引力，它们将会穿过地球，往下而且穿出去，然后又穿回来，以这种方式振荡。当然,它们也许极其微小——比一个原子还小——因此将会穿过你的身体而没有任何相互作用,而当它们穿过地球的时候也是这样。”[19]

但是如果它们变得更大了呢?“如果一个黑洞有分子那么大,”贝肯斯坦说道,“它将具有一座小山的重量。单是这么大质量的冲击力就可以杀死你。”[20]这是一种清醒的看法。然而,我发现基于宇宙线的安全论证是令人信服的。宇宙线产生的碰撞是打在静止目标——地球外层大气中的原子核上的,表面上看来与 LHC 中质子的迎头相撞有所不同。但是,如 CERN 的理论物理学家柯克比(Jasper Kirkby)向我展示的那样,有办法在与 LHC 质子对撞同样的比例下计算宇宙线的等价冲击力。而做了这个计算之后,结果显示,为了达到与高能宇宙线相当的冲击力,需要比 LHC 强 400 倍的对撞机。[21]因此我认为,在可以预见的将来,对于危险黑洞的威胁而言我们仍然是安全的。但是微小的、很快蒸发掉的黑洞也许会在我们目前能够达到的最高能量级别产生出来。

如果黑洞出现在 CERN,而且按照霍金的公式蒸发,不仅霍金可以得到诺贝尔奖,而且我们将有一个完美的实验室来检验广义相对论和量子力学之间的互动,因为微黑洞既涉及引力又涉及微观结构。它将从实验上引导我们到一个“万物之理”。因此,通过 LHC 的质子对撞创造出微小的黑洞归根结底也许不是一件坏事——只要我们能妥善控制好它。

# 第十四章

# LHC和物理学的未来

我们正在见证科学史上的一场伟大变革。当下,物理学的理论方面近乎停滞不前,因为实验上几乎没有可用于支持或反驳物理学中主宰理论的新发现。在这样的处境下,为了继续推动物理学前进,科学家和工程师们建造了史上最大的机器并且已经完成了必要的测试:一个可以产生昔日梦寐以求能量水平的粒子加速器。它就是**LHC**,目前正在以极高的能量对撞质子,有希望叩开许多通往未知世界的大门。

伽利略、开普勒、牛顿和其他17、18世纪的伟大科学家已经为人类认识宇宙提供了强有力的思想体系。每一位科学家在认识宇宙本质的道路上都推动社会前进了一步。地球的自转、木星的卫星和万有引力及其全部效应的发现都改变了人类对物理世界的认知。大约过了两个世纪之后,也就是19世纪后期麦克斯韦建立电磁理论的时候,人类才迎来一个更深刻的物理学理论。紧接着,20世纪早期,相对论和量子理论的革命接踵而至。爱因斯坦和量子理论的先驱者又把我们对创世之谜的理解向前推进了一大步。

然后,20世纪后期,粒子物理学发展出了标准模型,而且借助粒子加速器又有了许多重要发现,这些继续推动着物理学前进。我们的探索与发现经过短暂的停歇之后,现在已经走到一个通向物理学、天体物理学和宇宙学新时代的入口,研究它们的主要实验工具就是**大型强子对撞机(LHC)**。

微观粒子的对撞机使我们深刻地理解了基本粒子和相互作用力;大型望远镜,比如哈勃望远镜,给我们打开了观察广袤宇宙的天窗。但是,LHC不仅为我们研究物理学而且为研究宇宙学提供了一个卓越的实验,它的对撞能量之大是前所未有的。LHC将在多个方面取得重要发现:希格斯粒子和标准模型、超对称、超引力、弦论、物质—反物质、隐藏的维度或者其他完全未知的东西。

弦论的一个主要目标就是把广义相对论和量子场论结合起来。LHC正在寻找弦论所预言的结果,它们大致就在LHC所能达到的能量范围之内。LHC可能会发现时空存在隐藏维度的迹象,假如发现的话,就为弦论提供了支持;或许还可以找到引力之所以这么弱的一种解释——它"隐藏"到了额外维空间之中,因此使得四维时空中的引力很弱。

此外,LHC很可能会找到基本粒子的超对称伴子,假如找到的话,就为超对称理论提供了证据;这些超对称粒子可以部分解决或者完全解决弥漫在星系中的暗物质的存在之谜。其他的发现也许还可以帮助解决宇宙中暗能量的难题。另外,宇宙中物质和反物质间的不对称性也许能通过LHCb实验(LHC上专门研究B介子衰变的实验)获得解决。

同样,科学家期待重离子对撞实验可以获得丰富的与夸克—胶子等离子体(在大爆炸发生后很短的时间内,弥漫于空间的物质)相关的信息。最值得期待的是,希格斯粒子可能会出现在LHC中。* 倘若发现希格斯粒子的话,就为标准模型的正确性提供了决定性的证据。其

* 2012年7月4日,ATLAS和CMS实验组宣布已经发现了希格斯粒子的迹象。——译者

他的实验*,通过更好地解释早期宇宙对称性破缺的机制和希格斯场的行为,也可以为标准模型提供证据。

此外,奇异粒子——迄今为止,仅是人类设想存在的,甚至超出人类想象的粒子——可能会出现在LHC中。这些也有可能是暗物质的候选者。但是,我们仍然完全不知道所有粒子当中最期待的希格斯粒子的真正本质:希格斯玻色子可能并不唯一。可能有一个轻的希格斯粒子、一个重的希格斯粒子或一个具有完全未知性质的希格斯粒子。这就是科学之美:我们从来不知道究竟会发生什么,直到我们完成了相关的实验——即此处介绍的有史以来最大的LHC实验。

## LHC实验的探测技术

质子在LHC上对撞之后,会有三类射出。第一类叫做喷注,即夸克和胶子构成的束流。喷注可以发生在各个角度,取决于对撞产生的能量和反应类型。喷注喷出的角度和强度为对撞中产生的其他粒子的种类和能量提供了关键信息。

除了喷注,还有离散的自由轻子(不同于禁闭的夸克)的射出:电子、μ子、τ子以及它们所对应的中微子。LHC对撞产生大量的中微子,但是它们是不能被探测器探测到的——它们和其他物质的反应率实在太小,以至于LHC对撞之后的信号中根本看不到它们。

最后,还有一个名为"**消失的横向能量**"。能量和方向本来没有关系,但是这里的横向能量是指沿着对撞质子束流的横向飞行的粒子的能量。根据能量守恒定律,这是必须存在的能量。但是,我们却无法找到它——因此它就变成了"消失的横向能量"。消失的能量为隐藏的空间维度、暗物质的候选者等提供信息。

我们有如下关系式:

---

* 如ATLAS、CMS和LHCb。——译者

**质心系总能量 = 喷注 + 轻子 + 消失的横向能量**

一旦你把碰撞后出现的能量全部加起来——来自于喷注和轻子的垂直于对撞束流方向的横向能量——总能量应该是零(正负相抵),因为你起初沿着这个方向的横向能量就是零。实验中测到的横向能量与零之间的差就等于消失的横向能量。准确地测量横向能量可以带来新的发现。一个典型的例子就是,消失的横向能量位于某一个喷注的方向上。

接下来,从这些事例中得到的数据需要经过复杂的统计分析,取决于产生多少喷注和出现多少轻子——一个、两个或是更多,是哪种类型的。如前文所讲,除了中微子之外,电子是最轻的轻子,μ 子次之,τ 子最重。

这些理论知识为科学家提供了确定反应中产生的其他东西的依据,譬如希格斯粒子,或者超对称伴子,或者空间的隐藏维度。从其他早于 LHC 加速器的实验中,我们知道粒子碰撞涉及的相互作用中 50%和强相互作用力有关——轻夸克和胶子;碰撞产物的 20% 含有重 W 玻色子和 Z 玻色子以及很重的顶夸克。在 LHC 上,这三种粒子被认为是大量产生的。希格斯粒子可以通过若干种不同的方式被发现:一个重希格斯粒子很容易衰变到一对正反顶夸克,一个轻希格斯粒子可以衰变到两个 τ 子。此外,它也可以衰变到两个 Z 玻色子。正如早前提到的那样,两个 Z 玻色子最后衰变到四个 μ 子(两个正反 μ 子对)。

寻找超对称的工作方式如下。依据超对称粒子是否带电,探测器内部会有不同样式的轨迹。这些轨迹可以帮助我们确认超对称粒子。特别地,粒子轨迹上的一个纽结,或者一个消失轨迹的光子都表明存在一个荷微子。另外,一个没有确定方向轨迹的光子将表明存在一个中性微子。[1]

物理学的目标是给出一个关于我们置身其中的宇宙的认识。凭借 LHC,我们试图解决那个终极难题——宇宙创世的难题。对于这个诉求,物理学看上去正在朝简单性和统一性的方向前进。我们尝试用一个相对简单的——甚至是最简单的——公式来描绘现实世界的本质。许多物理学家相信这个公式——令人梦寐以求的“万能理论”,将统一自然界中所有的力。

“为什么要寻找这样一个假定大爆炸之后分解成四个独立的力的超级力?”我问弗里德曼。“是因为我们有统一这些的需要吗?”“不,”他回答说,“是四种相互作用力把我们引导到了那儿。在超对称下,如果你回到大爆炸之初的话,它们确实相遇在了一个点上。”[2]

有些物理学家不同意简化论者的物理学观点——自然界的定律能通过相对简洁的形式来描述,比如一个公式或一组公式来描述。他们中的部分人甚至相信物理定律不是一成不变的。[3]但这只是少数人。大部分物理学家认识到至少自然界的一部分定律可以通过一个简洁而且优雅的数学公式来描述,就像爱因斯坦的广义相对论给出的那样。

关于对称的漂亮数学理论——它构成了标准模型以及超对称理论的基本支撑——包含一些不可思议的事情:它告诉我们大自然确实能通过简单而且十分紧凑的数学公式来理解。这些模型不仅优雅,而且有强大的解释能力。

大自然看起来是通过一个由优雅的数学方程来控制的统一力来工作。现在,我们的目标就是揭开自然定律的“**终极公式**”——它的特例将是广义相对论和量子场论,同样,牛顿力学则是广义相对论在低速和适当小质量情形下的特例。LHC 是我们做这一探索的强大的实验机器。

许多卓越的物理学家,那些在本书中介绍过他们工作的科学家,仍然在粒子物理学领域做着高端的研究,而且他们都希望 LHC 的研究将来至少能确认他们的部分理论。其他已经退休不再做研究的科学家,也希望知道新发现会怎样影响他们数十年前所取得的研究成果。LHC 项目中数千名年轻的物理学家正在寻找他们职业生涯中的重大突破,无论是通过理论的研究还是实验的研究。总之,所有物理学家都在关注着 LHC 正在进行的工作和期待着即将产生的实验结果。

LHC 能解决与我们存在相关的最重要的问题:宇宙大爆炸中发生了什么?大爆炸后,大自然的基本粒子和相互作用力如何演化?我们的宇宙究竟有多少维?是否有反物质构成的宇宙,抑或反物质是如何消失的?粒子如何获得它们的质量?弥散在星系中的暗物质是什么?暗能量是什么?这些都是我们希望回答的关于宇宙创世和宇宙结构的主要问题。

2010 年 2 月,LHC 实验发表了第一个实验结果的报告。这些结果是基于 2009 年后期 LHC 上积累的实验数据而得到的,束流的对撞能量打破世界纪录。第一个发表报告的是 CMS 实验组,他们揭示在探测器里观测到的大部分粒子是介子——尺寸适中的由正反夸克对构成的粒子。这是非常宝贵且基础性的信息,因为它告诉科学家对于最为感兴趣的事例将来如何领导一个有效的搜寻任务。它给出了一个基准。比照这个基准可以规范将来出现的实验数据,比方说希格斯粒子、超对称、额外维度和其他实验目标的标志性信号出现的数据。

随后,在 2010 年 3 月初,LHC 重新启动。我当时和科学家们站在 CERN 的控制中心里面,看着墙上大型显示屏上出现的蓝线。蓝线平稳地行进,这意味着质子束流再次流入到我们脚下的一对管子里,而且它们流动得非常稳定。我环顾左右,可以感觉到随着能量的逐渐增加,大家的紧张情绪也在逐渐增强。LHC 能跟得上速度和能量的增加吗?

工程师监视着低温磁体的状态。所有的"棒"都是蓝色的,这表明温度没有升高。但是他们必须一直密切监视状态——即使某一个磁体的温度升高一点点,都将造成 LHC 熄火,破坏整个运行。况且,CERN 不能再承受另一个类似于 2008 年 9 月那次事故的失败了。

在控制中心的另一个区域,两位年轻科学家,一位男士和一位女士,正注视着注入加速器的束流的各种数据。在整个系统休息了三个月后,这些数据也必须密切监视,以免出现任何问题。如果这里的任何事情出现状况，LHC 的运行将不得不立刻关闭，以避免破坏复杂且相互关联的管道系统、电子设备、射频元件和强磁体。

此外，在控制中心最重要的地方——大厅的东北部，雷达埃利正在通过他手上的电脑鼠标控制 LHC 的能量。看着他沉着地倚靠在电脑桌旁，我知道我正在见证历史，由这些专业人士——承担着重大科学责任的人士——创造的历史。在年轻的科学家和工程师背后，白发苍苍的林登·埃文斯正在踱步，提心吊胆地审视上方许多关键的监视器。在实验变坏之前，他会有能力察觉到任何问题吗？

机器成功渡过了点火的关键阶段，没出现任何事故，所有事情都按部就班：质子以前所未有的创纪录的能量飞入管道。我看到埃文斯伸了伸腰，转过身去，走向门口。他笑了。有史以来最大的机器正在通往发现新物理的道路上前进！

# 后记

2010年3月19日,凌晨5:20,LHC每束质子流均达到随后两年运行所需要的最高对撞能量——3.5 TeV,两束质子流总对撞能量高达7 TeV。在这个能量下,机器把质子加速到了光速的99.9999964%。[1] 根据CERN管理层的决定,为了保持机器安全运行和避免磁体熄火的危险,在LHC持续运转一年或两年之后,机器可以被仔细检查的时候,会有差不多一年的维修期。预计在2013年,当机器再次运转的时候,总能量将会增加到14 TeV。

7 TeV的总能量当然也已是一个新的世界纪录,CERN的科学家用香槟酒庆祝这个伟大的成就。基于目前LHC运行正常,而且事故发生的概率很小,实验组的最高领导决定,是时候告诉全世界媒体按这个能量进行粒子对撞的预计日期了。CERN通知新闻记者,以总能量7 TeV开始对撞的日期是2010年3月30日。但是,发给记者的电子邮件中提醒到,获得对撞束流是一个复杂的过程,可能需要几天的时间。"这好比在大西洋两岸互相发射细针,使它们在大洋中途相撞。"迈尔斯(Steve Myers,CERN的加速器和技术部主管)如是说。[2] 全球有超过两百名的新闻记者为了这一历史性的事件齐聚CERN。

## 大日子——2010年3月30日

在3月29—30日的夜里,CERN的工程师把束流的能量分三次逐步提高到每束3.5 TeV,期间未让粒子发生碰撞。他们的测量显示,至少在一个短时间内,机器能极好地承受这么高能量的束流。然后束流能量逐渐下降，早晨之前质子停止了环流。现在已经万事具备了！

大约在3月30日凌晨5点钟的时候，工作人员开始陆陆续续地来到CERN的控制中心和LHC四个主要实验的控制室。奇里利位列其中，她来到ATLAS的控制室，看到其他科学家正在为这个重要的事件做着准备。在CMS控制室，托内利正在指导实验组的所有成员。当团队陆续到达并为CMS探测器中即将发生的对撞做准备的时候，他做了最后时刻的指导。

早晨已至，CERN控制中心摩肩接踵，科学家忙着各自的任务，新闻记者为了能拍摄到好的照片在不断调试相机。雷达埃利从一台电脑旁到另一台电脑旁，不断校准束流强度和能量输出。其他许多人也都在履行各自的职责。你能感受到空气中紧张和兴奋的气氛。随后，突然，束流消失了！控制室里出现了一阵骚动，几分钟后罪魁祸首就被发现了：近期新安装的熄火保护系统。电流的一个微小改变欺骗了这个极为敏感的设备，使得设备认为某个磁体熄火了。然后，这个系统按既定程序处理——立即关闭束流。当调试再次重启时，每个人都充满了期待。电流慢慢地上升，情况进展正常。但是，快到中午的时候，另一个问题出现了：SPS（超级质子同步加速器，就是那个为LHC提供质子的加速器）里有一个小故障。同样，这个故障也被修好了，机器重新运行。当能量慢慢升高到每束3.5 TeV时，大家都屏住了呼吸。

墙上的一个显示器显示出两条不同颜色的线条，蓝线在上，红线在下。上面的蓝线表示顺时针旋转的质子束流的位置（管道周长约26.5千米），下面的红线表明逆时针飞行的质子束流的轨迹。每个人都紧紧地盯着屏幕。能量很好地稳定在3.5 TeV，持续约一个小时。现在是时候让束流对撞了。对这里的大部分年轻科学家来讲，这是此生最为紧张和兴奋的时刻；对老一些的科学家来讲，这是20年筹备所迎来的高潮：从这台大机器的计划到建造再到运行花了20年。他们都在期待这一时刻，LHC以前所未有的能量开始对撞质子的时刻。

雷达埃利和他的同事们现在必须使两个束流在LHC安置在四个

不同腔室中的探测器上发生碰撞:ATLAS、ALICE、CMS 和 LHCb。通过遥控安置在它们下方的特定磁体,科学家们"推着"四个探测器中的两束质子流互相靠近。这可以通过屏幕上慢慢接近的蓝线和红线看出来:蓝线下弯,红线上扬。这是实验运行中最具技巧性的一部分:确实,它就像横亘大西洋发射细针,然后企图让它们在大洋中间发生对撞一样。大家看得如痴如醉。随后,中午 12 点 58 分,位于瑟西附近的 CMS 控制室里爆发了雷鸣般的掌声:束流完美对撞。几分钟后,相同的情况也在 ATLAS 上发生了,紧接着,另外两个探测器也完成了这一壮举。

在 CERN 的控制中心里,充满了自发的掌声,香槟酒"砰砰砰"地接连开启,大家兴高采烈,弹冠相庆。科学家和工程师们一边手握倒满香槟酒的酒杯,一边继续工作。瞄准仪对准了束流,以使束流保持稳定并且位置固定。质子继续循环,不断对撞,这样的情况持续数小时,产生了大量的实验数据。

奇里利这样描述那天在 ATLAS 的情景:"它确实与没有任何情况发生的 2008 年不同。中午时分,我们都十分紧张。发生了一系列小问题,但是大体上没有问题,没有什么令人害怕的——'正常的'一天,没有簇拥的新闻记者,我们甚至都没注意到这些。但是,今天,ATLAS 控制室里来了大批新闻记者,我们知道他们中一些人已经写好了文章,因为当天中午就是他们发给报刊的截止时间。所以,在这种情况下,这是十分光彩的事:在记者即将发出描写 LHC 失败的文章之前的瞬间,对撞终于成功!"[3]

当对撞发生的时候,贾诺蒂接受了采访,她说:"我们现在看到的粒子数量巨大,能量超乎想象。"[4] 詹尼(一直指导着 ATLAS 团队,最近才离任)被他期待已久的事件感动了,说道:"这是我职业生涯当中最伟大的时刻之一。在梦想 LHC 和它伟大的物理前景 26 年之后,又为 ATLAS 的建造付出努力 17 年之后,今天终于看到了在控制室显示屏上出现的第一批高能对撞事例,这是一个令我感动的时刻。怀着对未来物理学的美好希望,能和如此多的年轻同事和学生分享这一时刻,我十分满足。”[5]

在 CMS 实验组，可以看到同样的激动。“真正没想到的，”托内利，CMS 实验组的负责人，在描述刚刚完成破纪录的高能束流对撞后说道，“是事例的频率。我们之前预计每分钟有一个不寻常的事例。但是，我们实际却有 50 赫兹——我们每分钟能得到 50 或者更多的不寻常的对撞结果。”[6]

后来，在庆祝还在进行中的时候，托内利告诉我：“这是我们期待已久的一刻，为此我们已经准备了很多年。我们现在正站在一个通往新的、未开发的领地的入口，那里有回答现代物理学一些主要问题的答案：为什么宇宙中会有这些物质？我们宇宙的 95% 究竟是由什么构成的？已知的力能由一个统一的力来解释吗？这些问题的答案可以依靠粒子实验室里对过去未曾发现过的粒子的产生和探测来得到。”[7]

憧憬着他和他的团队将要面对的令人兴奋的工作，托内利说：“我们会很快对希格斯粒子做一个系统的寻找，同时也会寻找被新理论预言的粒子，比如能解释我们宇宙中出现大量暗物质的超对称理论。如果它们存在，并且 LHC 能产生它们，我们相信 CMS 会有能力探测到它们。我们已经开始仔细地研究标准模型中的已知粒子了，这是为了能准确地评估我们的探测器的性能，并且为了准确测量新物理的所有可能的背景。我们现在开启了现代物理学的一个新的冒险。激动人心的时刻就在眼前！”[8]

没有人能掩饰他们内心的狂热。埃文斯说：“今天是长期准备的终点——超过 20 年。但是，它又是科学上新时代的起点。”[9] 一些人甚至把我们即将走进的 LHC 的新时代和 20 世纪早期的伟大物理学革命相比较。那场革命改变了物理学，为我们带来了相对论和量子力学。

LHC 产生的巨大能量、为建造它而发明的空前的高精度技术、用于它运转的科学知识财富和数千名管理 LHC 实验的科学家的才能、推动和奉献，必将带给我们超乎想象的新发现！

# 附录A LHC的探测器是如何工作的

我们以LHC上的一个典型代表ATLAS(LHC超环面仪,A Toroidal LHC ApparatuS,缩写为ATLAS)为例,来说明探测器是如何工作的。ATLAS总体有七层结构,包括很多部件,每个部件用于探测不同类型的粒子。

内部探测器是ATLAS的最内层探测器,包围着LHC加速器质子对撞中心的腔室。内部探测器可以重现对撞反应产生的电子和光子径迹。其探测手段是通过探测在粒子飞行穿过上千的像素片时留下的辐射光来实现的。其中第一组探测器就是像素探测器,半导体径迹探测器和跃迁辐射径迹探测器。它们都分别包含了几千路电子学单元。

像素探测器的每个单元的外层是一个薄的硅层,半导体径迹探测器则和像素探测器工作方式类似。外壳硅层通过上千个小金属圆面连接低压电子学,当带电粒子穿过时,硅层释放自由电子,该电子向下漂移到金属球处并激发更多电子,形成电流。科学家通过鉴别哪个圆球有电流,从而测量出穿过该内部探测器的带电粒子的径迹。

跃迁辐射径迹探测器位于半导体径迹探测器和像素探测器外围,主要用于鉴别不同粒子的类型。它由上千根充气的管子组成,每根管子用镀金导线连接。当带电粒子穿过两个管子间的物质时,会产生光子。而电子和π介子在穿过该物质时,具有不同的特征行为。一个π介子会电离管子中的气体,并同时产生光子。这些光子和气体分子相互作用,释放出分子中的电子,电子漂移至镀金导线上并被导出形成电流。而另一方面,电子会产生更多光子,从而产生更强的电流。这些特性被科学家用来鉴别飞过的粒子,同时利用通有电流的导线的位置测量穿过径迹的信息。

在内部探测器之外是一个大型超导磁场,通过研究粒子在该磁场区域的偏转,可以测量粒子的电荷和动量。紧挨着磁场之外是用于测量粒子能量的电磁量能器,结合内部探测器测量的动量,可以给出粒子的质量。量能器是由多层铅板和不锈钢板组成的层状结构,作为吸收体用于吸收飞行粒子能量。在吸收体之间充入零下 185 摄氏度(零下 301 华氏度)的液氩,并将铜格子做的负电极沉浸其中,用于测量穿过粒子的能量。

从内部探测器飞出的高能电子与金属吸收体发生作用后,会产生大量电子、正电子和光子。这三类粒子由于在穿越液氩时都会电离氩原子,因此能够被探测到。电离出的电子被铜格子收集形成电流。这些收集到的电流总和及相应的位置信息,包括由原始对撞产生的高能电子的次级低能粒子产生的电流,可以应用于测量原初电子的能量。

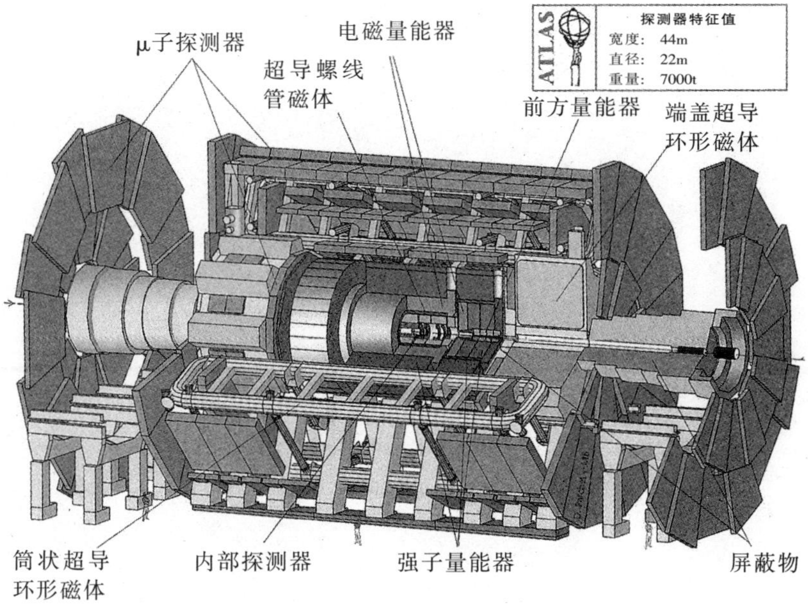


ATLAS 探测器(CERN 的 AC 团队供图)

往外下一级是被称为强子量能器的大型外部量能器，用于测量LHC对撞产生的强子的能量，这些强子主要是介子（例如前面提到的π介子）。钢板条和闪烁体条交错排列成阵列，闪烁体在有粒子通过时会产生荧光。当高能强子穿过钢板条时，强子将与金属中的原子核发生反应产生次级粒子簇射，而簇射粒子在闪烁体内进一步产生光。这些光通过光纤管收集并转化为电流。计算机通过分析这些电流信号，可以给出原初高能强子的能量。

最外层的探测器是μ子谱仪。μ子与电子相近，但质量比电子重200倍。它可以穿过所有的内层ATLAS探测器，到达外部探测器。μ子谱仪由大量腔室组成，总面积加起来有几个足球场大。在每个腔室内有很多充气的管子。当μ子穿过管子中的气体时，它飞行路径上会留下一系列带电离子和电子，其中的电子会漂移到两边的管子中心，并被一个金属导体收集形成电流。科学家通过分析这些电流信号可以测量μ子在谱仪中的径迹。

# 附录B 粒子、力和标准模型

本附录将总结各种粒子、力和它们的功能,以及本书中提到的粒子物理学标准模型。

## 粒　　子

**夸克(quark):**一种古怪的粒子,不能自由地独立存在,而是组合形成物质中原子核的质子和中子。它们必须永远禁闭在质子、中子或短寿命介子中。在宇宙大爆炸后的极早期宇宙中,夸克在形成正常物质之前,沉浸在夸克—胶子等离子体之中。

**轻子(lepton):**一类自由的、能独立存在的粒子,它们能快速运动。轻子包括电子和中微子,也包括短寿命的较重的 $\mu$ 子和 $\tau$ 子。

**费米子(fermion):**该名称来源于意大利裔美国物理学家费米,指的是"物质粒子"。它们服从泡利不相容原理:任何两个费米子不能占据完全相同的量子态。费米子在普朗克单位下具有分数自旋(例如1/2)。

**玻色子(boson):**以印度物理学家玻色的名字命名——是不受不相容原理约束的一类粒子。它们甚至可以形成一种玻色—爱因斯坦凝聚,成为一个可用单一波函数描述的整体,丢失了单体的独立属性。玻色子在普朗克单位下具有整数自旋(0, 1,或2)。相互作用力的传播粒子都是玻色子。

**强子(hadron)**:由夸克粒子通过强相互作用结合在一起形成的粒子。强子分为介子和重子两类。

**介子(meson)**:中等大小的粒子,由一对正反夸克对组成。

**重子(baryon)**:由三个夸克组成的重的粒子。由两个上夸克和一个下夸克组成的重子称为质子,由两个下夸克和一个上夸克组成的重子称为中子。质子和中子存在于原子核内,因此也统称为核子。

## 功　　能

传递力的粒子是**玻色子**。它们传递费米子之间的相互作用。它们是大自然中不懈的中间人,促成了轻子和夸克(费米子)的物理行为。

**光子**(**photon**,光和类似辐射如X射线或无线电波的粒子或者波):传递电磁相互作用的玻色子。光子反映了电磁力的行为。两个电子是通过交换一个光子发生相互作用的。在原子中电子从较高能级跃迁到较低能级时就会发光。

**胶子**(**gluon**):一种存在于质子、中子或介子(或夸克—胶子等离子体)内的玻色子。它在这些粒子中传递强作用力。胶子带有色荷,并可以和夸克交换色荷。

**$W^+$、$W^-$和$Z^0$**玻色子:传递弱作用力,负责某些形式的放射性衰变。

**引力子**(**graviton**):传递引力。但从来没有一个引力子以任何方式被观测或检测到。因为它是引力理论的一部分,并且不包含在标准模型中,所以它没有列在本附录最后的标准模型表格中。

## 反 物 质

所有前述的粒子,以及其他没有提及的粒子,都有反物质的"孪生兄弟":这些正反粒子除了电荷相反(如果它们带电)外,性质完全相同。

**电子**(**electron**)的反物质同胞被称为**正电子**(**positron**),想象一下它带正电荷,而电子带负电荷。电子和正电子具有相同的质量。

**质子**(**proton**)的反物质同胞是**反质子**(**antiproton**);它的电荷是负的(因为质子的电荷为正)。质子和反质子具有相同的质量。

反质子是由三个**反夸克**(**antiquark**)组成的:两个反上夸克和一个反下夸克。反中子是由两个反下夸克和一个反上夸克组成的。

**电子中微子**(**electron neutrino**)有一个被称为**反电子中微子**(**anti-electron neutrino**)的反物质同胞。其他粒子也都如此。

当一个粒子遇到其反粒子时,两者将相互**湮灭**(**annihilate**)。

## 自然界的四大作用力

支配粒子行为的四种作用力是**引力**、**电磁作用力**、**弱作用力**和**强作用力**。

**引力(gravity)**:宇宙中最弱的长程作用力。它会影响宇宙中的一切物质,包括光(爱因斯坦已经证明)。

**电磁作用力(electromagnetism)**:一种长程力,它比引力更强。在原子中电磁作用力将电子束缚在它们的轨道上;它也使原子参与化学反应,确定了分子的属性和命运。

**弱作用力(weak force)**:一种非常短程的力,它只在原子核内起作用。它主导β衰变及类似现象的放射性过程。

**强作用力(strong force)**:也是非常短程的力。它在质子、中子或介子内,作用在夸克上,它的(总体)效应将把质子和中子束缚在核子内。这种力随着距离的增加(在质子、中子或介子内部)变得更强,这就是为什么夸克被禁闭的原因。

**粒子物理学标准模型**

| | 费米子 | | | 玻色子 |
|---|---|---|---|---|
| 代 | Ⅰ | Ⅱ | Ⅲ | |
| 夸克 | 上夸克 | 粲夸克 | 顶夸克 | 光子 |
| | 下夸克 | 奇异夸克 | 底夸克 | 胶子 |
| 轻子 | 电子 | μ子 | τ子 | $Z^0$ |
| | 电子中微子 | μ子中微子 | τ子中微子 | $W^+$ |
| | | | | $W^-$ |
| | 标量玻色子(被认为赋予物质粒子质量):希格斯玻色子 | | | |

# 附录 C　本书用到的重要物理学定律

**1. 爱因斯坦的质能方程(Einstein's Law of Mass and Energy)**

能量 = 质量乘以光速平方($E = mc^2$)

在粒子加速器工作中更重要的是该定律的另一种形式：

质量 = 能量除以光速平方（$m = E/c^2$）

第二个方程告诉我们能量能转换为物质。这正是在粒子加速器中发生的：粒子（质量）被巨大的能量粉碎,然后这股能量会导致质量的出现——产生新粒子。

**2. 海森伯不确定性原理(Heisenberg's Uncertainty Principle)**

如果一个粒子的动量能精确地确定,则其位置便不能精确地确定。如果时间能精确地测量,则能量(或等价地说是质量)将具有更大的不确定性。

**3. 泡利不相容原理(Pauli's Exclusion Principle)**

对于费米子(具有分数自旋的粒子,如电子和夸克),没有两个粒子可以具有相同的量子态。例如,如果两个电子处于原子的同一轨道中,那么它们必须具有相反的自旋。

**4. 波粒二象性(Particle-Wave Duality)**

在一定的实验设计下,粒子可以表现出波的行为;同样波也能表现出粒子的行为。

5. 薛定谔猫佯谬或叠加原理(**Schrödinger's Cat Paradigm, or the Superposition Principle**)

自然界的态可以叠加。薛定谔猫可以是两种状态的叠加:死的和活的。在粒子物理学中,这意味着一个粒子可以处于一种自身各种可能态的混合态。

# 注 释

本书中所有标记为“AIP”的参考文献均指来自尼尔斯·玻尔图书馆和位于马里兰州科利奇帕克市物理椭圆路1号的美国物理联合会档案馆的资料。

## 第一章

1. 1 TeV 等于 1000 GeV。
2. 作者对托内利的采访,地点:CMS 控制中心,时间:2010 年 3 月 5 日。
3. 事实上,对于快速运动的粒子,释放的总能量是 $E = \frac{mc^2}{\sqrt{1 - \frac{v^2}{c^2}}}$,其中 $v$ 是粒子的速度。
4. 再写一下方程 $E = mc^2$,其中能量被表示为质量乘以光速平方,然后,我们得出:$m = E/c^2$,把质量表示成能量除以光速平方。
5. 《欧洲粒子物理学战略》[欧洲核子研究中心(CERN)理事会战略组,2006],15。
6. LHC 的最大能量是之前记录能量的 7 倍还要多,此前的记录能量由费米实验室的粒子加速器创造,它位于芝加哥附近,对撞总能量在 2 TeV 以下。
7. “上帝粒子”这一词汇来自于诺奖得主莱德曼所写的一本书的题目。
8. 作者对弗里德曼的采访,地点:马塞诸塞州布鲁克林,时间:2009 年 12 月 16 日。
9. 大爆炸本身是一个时空上的奇点,某种程度上类似于黑洞中心的时空奇点。这里物理学定律失效。因此,如果我们打算追溯到“最早的时间”,必须在大爆炸几秒后时间分开才行。
10. Frank Wilczek, MIT, “Anticipating a New Golden Age” (lecture given at SUSY 2009—The 17th International Conference on Supersymmetry and the Unification of Fundamental Interactions, Northeastern University, Boston, June 5 – 10, 2009).
11. Y. Nambu, *Quarks: Frontiers in Elementary Particle Physics* (Singapore: World Scientific, 1985), 28.
12. Olivier Dessibourg, “Au CERN, la rumeur menace les chercheurs,” *LeTemps*, September 10, 2008.
13. Alan Barr, Oxford University, “Sparticle Mass Measurement at the LHC” (lecture given at the International Workshop “Beyond the Standard Model Physics and LHC Signatures,” BSM/LHC’09 Conference, Northeastern University, June 4, 2009).
14. 以《太阳》为标题的幻灯片, September 10, 2008, in Alan Barr, “Sparticle Mass

Measurement at the LHC" (lecture given at the International Workshop "Beyond the Standard Model Physics and LHC Signatures," BSM/ LHC'09 Conference, Northeastern University, June 4, 2009)。

15. 作者对古斯的采访,地点:马塞诸塞州剑桥,时间:2009 年 5 月 14 日。
16. 作者对奇里利的采访,地点:CERN 的自助餐厅,时间:2010 年 3 月 5 日。
17. 作者对雷达埃利的采访,地点:CERN 控制中心,时间:2010 年 3 月 5 日。
18. 作者对奇里利的采访,地点:CERN 的自助餐厅,时间:2010 年 3 月 5 日。
19. "The LHC Enters a New Phase" (news report, January 25, 2010, www. cern. ch).
20. Dennis Overbye, "The Collider, the Particle and a Theory About Fate," *New York Times*, October 12, 2009.
21. John Gunion, "SUSY and the Ideal Higgs Boson" (lecture given at the International Workshop "Beyond the Standard Model Physics and LHC Signatures," BSM/ LHC'09 Conference, Northeastern University, June 4, 2009).
22. 作者对特罗佩亚的采访,地点:CERN 控制中心,时间:2010 年 3 月 5 日。
23. 作者对雷达埃利的采访,地点:CERN 控制中心,时间:2010 年 3 月 5 日。
24. http://twitter. com/CERN/statuses/6736202425, a CERN "tweet," December 16, 2009.

## 第二章

1. 作者对托内利的采访,地点: LHC 的 5 号点,时间:2010 年 3 月 5 日。
2. George Smoot and Keay Davidson, *Wrinkles in Time: Witness to the Birth of the Universe* (New York: Morrow, 1993), 22.
3. 实际上,在 1905 年这个物理学奇迹年,爱因斯坦总共写了 26 篇科学论文。参见 Jürgen Renn, ed., *Albert Einstein—Chief Engineer of the Universe: Einstein's Life and Work in Context* (Berlin: Wiley-VCH, 2005), 92。
4. 读者可以收听这个采访,为爱因斯坦原声,网址:www. aip. org/histroy/einstein/voice1. htm。
5. 两个能量不是简单地相加,而是有一个更复杂的公式将爱因斯坦的质能方程 $E = mc^2$ 和他的狭义相对论相结合,结果表明质量随速度增加而增加,这使得物理学家能够计算出运动粒子的总能量。该公式获得的方式如下:在 $mc^2$ 上乘以洛伦兹因子,即 $\sqrt{1-\frac{v^2}{c^2}}$。
6. 爱因斯坦写给马克斯·玻恩的信,December 4, 1926, in Max Born, *The Born-Einstein Letters* (New York: Walker, 1971), 91。
7. 例如,参见, Amir D. Aczel, *Entanglement: The Greatest Mystery in Physics* (New York: Basic Books, 2002)。
8. Alan Guth, *The Inflationary Universe: The Quest for a New Theory of Cosmic Origins*

(Reading, MA: Addison-Wesley, 1997), 185.
9. 同上,第 286 页。
10. 同上,第 88 页。
11. 作者对斯穆特的电话采访,地点:韩国首尔,时间:2009 年 5 月 29 日。
12. Otto Frisch, *What Little I Remember* (New York: Cambridge University Press, 1979), 57.
13. Isaac Asimov, *Inside the Atom*, 3rd ed. (New York: Abelard-Schuman, 1966), 27.
14. Michael Atiyah, "Geometry and Physics: Past, Present, and Future" (lecture given at "Perspectives in Mathematics and Physics," Singer Conference 2009, in celebration of I. M. Singer's 85th Birthday, Massachusetts Institute of Technology, May 22 – 24, 2009).
15. 有关伽罗瓦生平的一个很好的资料为 Mario Livio, *The Equation That Couldn't Be Solved* (New York: Simon & Schuster, 2006)。
16. 美国物理学会的费里斯(Timothy Ferris)对格拉肖的采访,为电视节目《宇宙的创生》(*Creation of the Universe*)而录制。地点:哈佛大学,时间:1982 年 3 月 27 日。

## 第三章

1. 详情请见 Amir D. Aczel, *Entanglement: The Greatest Mystery in Physics* (New York: Basic Books, 2002)。
2. 作者对佩塔尼亚的采访,地点:瑞士 CERN,时间:2009 年 4 月 2 日。
3. 同上。
4. 作者对托内利的采访,地点:LHC 的 5 号点,时间:2010 年 3 月 5 日。
5. 作者对佩塔尼亚的采访,地点:瑞士 CERN,时间:2009 年 4 月 2 日。
6. 作者对阿尔瓦雷斯-高梅的采访,地点:瑞士 CERN,时间:2009 年 4 月 2 日。
7. 同上。
8. 同上。
9. 作者对茨维巴赫的采访,地点:麻省理工学院,时间:2009 年 3 月 11 日。
10. 这是在每束对撞束流能量 7 TeV 水平下发生的。在之前曾经用过的较低能量水平下,质子速度依然高于光速的 99.998%。这一信息来自于小册子 *LHC: The Guide* published by the CERN Communication Group, January 2008。
11. 加速质子环形飞行的超导磁体的磁场非常强,略高于 8 特斯拉。
12. André David (LIP, Lisbon), "CMS: From Commissioning to First Beams" (lecture given at SUSY 2009—The 17th International Conference on Supersymmetry and the Unification of Fundamental Interactions, Northeastern University, Boston, June 5 – 10, 2009).
13. 同上。

14. 作者对佩塔尼亚的采访,地点:CERN 自助餐厅,时间:2010 年 3 月 4 日。
15. 佩塔尼亚与作者的私人通信,2009 年 12 月 18 日。
16. 作者对贾诺蒂的采访,CERN,瑞士,2009 年 4 月 2 日。
17. 同上。
18. 同上。
19. 同上。
20. 同上。
21. Zeeya Merali, "The Large Human Collider," *Nature* 464 (March 25, 2010): 482 – 84. I am indebted to Manuela Cirilli for bringing this article to my attention.
22. 同上,第 483 页。

## 第四章

1. 作者对茨维巴赫的采访,地点:麻省理工学院,时间:2009 年 3 月 11 日。
2. 作者对佩塔尼亚的采访,地点:瑞士 CERN,时间:2009 年 4 月 2 日。
3. Peter Jenni, CERN, "LHC Entering Operation: An Overview of the LHC Program" (lecture given at SUSY 2009—The 17th International Conference on Supersymmetry and the Unification of Fundamental Interactions, Northeastern University, Boston, June 5 – 10, 2009).
4. CERN 的 ATLAS 合作组友情提供的信息。
5. Maria Spiropulu and Steinar Stapnes, "LHC's ATLAS and CMS Detectors," *in Perspectives on LHC Physics*, ed. Gordon Kane and Aaron Pierce (Singapore: World Scientifi c, 2008), 39.
6. 同上,第 39 页。等式为 $dp/p = 1/BL^2$,其中 $L$ 是穿过探测器的长度,$B$ 是磁场强度。
7. 同上,第 29 页。
8. 作者对斯坦博格的采访,地点:瑞士 CERN,时间:2009 年 4 月 2 日。
9. CERN Brochure, CERN Public Relations Office, Switzerland.
10. *LHC: The Guide*, CERN Communication Group, January 2008.

## 第五章

1. AIP, "Interview with Paul Adrien Maurice Dirac by Thomas S. Kuhn and Eugene Paul Wigner, conducted in Eugene Wigner's house, Princeton, NJ, on April 1, 1962," tape 7, side 1, p. 4.
2. 两则轶事出自 Frank Close, *Antimatter* (Oxford: Oxford University Press, 2009), 35。克洛斯说,第二则轶事出自"野史",作者不详,不过这确实符合两位先生的性格。
3. AIP, "Interview with Paul Adrien Maurice Dirac," tape 7, side 1, p. 4.
4. 狄拉克推导狄拉克方程的详细历史出自 Steven Weinberg, *The Quantum Theory*

*of Fields*, vol. 1 (New York: Cambridge University Press, 1995), chapter 1.
5. 复合费米子也具有半整数自旋,如 1/2, 3/2, 5/2, 等。
6. Arthur I. Miller, *Deciphering the Cosmic Number: The Strange Friendship of Wolfgang Pauli and Carl Jung* (New York: Norton, 2009). 237.
7. Bing – An Li and Yuefan Deng, "Chen Ning Yang," in *Biographies of Contemporary Chinese Scientists*, ed. Lu Jiaxi, AIP Volume 3, 1992, pp. 183 – 87.
8. Miller, *Deciphering the Cosmic Number*, 238.
9. 同上。
10. Brookhaven National Laboratory News, at bnl. gov, February 15, 2010.
11. George Smoot and Keay Davidson, *Wrinkles in Time: Witness to the Birth of the Universe* (New York: Morrow, 1993), 102.
12. 同上,第 103—105 页。
13. Close, *Antimatter*, 4 – 8.
14. 同上,第 4 页。
15. Duncan Steel, "Tunguska at 100," *Nature* 453 (June 25, 2008): 1157 – 59.
16. Clyde Cowan, C. R. Atluri, and W. F. Libby, "Possible Anti – Matter Content of the Tunguska Meteor of 1908," Nature 206 (May 29, 1965): 861 – 65.
17. Duncan Steel, "Tunguska at 100," Nature 453 (June 25, 2008): 1157 – 59.

## 第六章

1. 具体地说,我们处理的是相对论量子场论。一般来讲,量子场论不要求必须是相对论的。
2. A. Zee(徐一鸿), *Quantum Field Theory in a Nutshell* (Princeton, NJ: Princeton University Press, 2003), 3.
3. AIP oral history interview with Richard Phillips Feynman by Charles Weiner in Richard Feynman's home, Altadena, California, March 4, 1966, session 1:8.
4. 同上,session 2:71。
5. 作者对惠勒的采访,地点:缅因州高岛,时间:2001 年 6 月 24 日。
6. AIP oral history interview with Richard Phillips Feynman by Charles Weiner, in Richard Feynman's home, Altadena, California, March 5, 1966, session 2:133 – 34.
7. AIP oral history interview with Richard Phillips Feynman by Charles Weiner in Richard Feynman's home in Altadena, California, June 27, 1966, session 3:5.
8. 同上, 第 12 页。
9. 同上。
10. 同上。
11. 同上,第 13 页。
12. 同上,第 15—16 页。

13. 同上,第35—36页。
14. 同上,June 28, 1966, session 4:224-25。
15. 同上,第225页。
16. Mikhail Shifman, *ITEP Lectures on Particle Physics and Field Theory* (Singapore: World Scientific, 1999), 6.
17. Karen Lingel, Tomasz Skwarnicki, and James G. Smith, "Penguin Decays of B Mesons," *Annual Review of Nuclear and Particle Science*, 48 (1998): 255.
18. Jacob Bekenstein, "The Fine-Structure Constant: From Eddington's Time to Our Own," in *The Prism of Science: The Israel Colloquium—Studies in History, Philosophy, and Sociology of Science*, vol. 2, ed. Edna Ullmann-Margalit, Boston Studies in the Philosophy of Science 95 (Boston: D. Reidel, 1986), 209.
19. Richard P. Feynman, *QED: The Strange Theory of Light and Matter* (Princeton, NJ: Princeton University Press, 1985), 131.

## 第七章

1. 约为 $-1.6\times10^{-19}$ 库仑。
2. Arthur I. Miller, *Deciphering the Cosmic Number: The Strange Friendship of Wolfgang Pauli and Carl Jung* (New York: Norton, 2009), 118.
3. Robert Oerter, *The Theory of Almost Everything: The Standard Model, the Unsung Triumph of Modern Physics* (New York: Penguin, 2006), 145.
4. Luis W. Alvarez et al., "Search for Hidden Chambers in the Pyramids: The Structure of the Second Pyramid of Giza Is Determined by Cosmic-Ray Absorption," *Science* 167 (February 6, 1970): 832-39.
5. Betsy Mason, "Muons Meet the Maya: Physicists Explore Subatomic Particle Strategy for Revealing Archaeological Secrets," *Science News* 172, no. 23 (December 8, 2007): 360-61.
6. Brian Fishbine, "Muon Radiography: Detecting Nuclear Contraband," *Los Alamos Research Quarterly*, Spring 2003, 12-16.
7. Jack Steinberger, "History of the BNL 2nd Neutrino Experiment," unpublished manuscript given to the author by Jack Steinberger, CERN, April 2, 2009.
8. 作者对费米实验室的莱德曼的电话采访,时间为2009年3月11日。
9. 作者对佩尔的采访,地点:加利福尼亚州斯坦福的斯坦福直线加速器中心,时间:2009年3月24日。
10. 同上。
11. Frank Close, *Antimatter* (Oxford: Oxford University Press, 2009), 74.
12. 作者对佩尔的采访,地点:加利福尼亚州斯坦福的斯坦福直线加速器中心,时间:2009年3月24日。
13. 同上。

14. 同上。



## 第八章

1. 这是李群 SU(2),它是 2 阶特殊酉群,复值的 2×2 的矩阵且行列式值为单位矩阵的群,该矩阵的复共轭乘以自身等于单位矩阵。
2. Frank Wilczek, *The Lightness of Being*: *Mass*, *Ether*, *and the Unification of Forces* (New York: Basic Books, 2008), 43 – 44.
3. 同上,第 44 页。
4. 这些数字是基于最近研究的数值粗略估计得到的。
5. 作者对伯克利的加亚尔的电话采访,地点:加利福尼亚, 时间:2009 年 6 月 22 日。
6. 同上。
7. 该对称性由李群 SU(3)来表示,它是 3 阶特殊酉群,复值的 3×3 的矩阵且行列式值为单位矩阵的群,该矩阵的复共轭乘以自身等于单位矩阵。
8. 参见 Amir D. Aczel, *Entanglement*: *The Greatest Mystery in Physics* (New York: Basic Books, 2002), 24。
9. Wolfgang Ketterle Nobel Lecture, December 8, 2001, in *Les Prix Nobel* 2001, ed. Tore Frängsmyr (Stockholm: Nobel Foundation, 2002), p. 2 (www. Nobelprize. org).
10. 作者对克特勒的采访,地点:麻省理工学院,时间:2009 年 5 月 27 日。
11. Wolfgang Ketterle, "When Atoms Behave as Waves," Nobel lecture.
12. 作者对克特勒的采访,地点:麻省理工学院,时间:2009 年 5 月 27 日。
13. 作者对弗里德曼的采访,地点:麻省理工学院,时间:2009 年 5 月 14 日。
14. 同上。
15. 同上。
16. 作者对弗里德曼的采访,地点:马塞诸塞州布鲁克林,时间:2009 年 12 月 16 日。
17. 作者对弗里德曼的采访,地点:麻省理工学院,时间:2009 年 5 月 14 日。
18. "标量"意味着粒子对应的场在数学上的变换与一个简单的数等同,而不等同于矢量。
19. 这个群是 SU(3) × SU(2) × U(1)。

## 第九章

1. 根据某些理论,中微子可能是这条规则的一个例外,它们的质量通过一个称为跷跷板机制的过程由其方程中的一个叫做马约纳的项导出。
2. 这些空间是抽象的空间,因为场和波函数都是复值——它们有"虚部"以及"实部"。
3. Nobel Lecture by Yoichiro Nambu, "Spontaneous Symmetry Breaking in Particle

Physics: A Case of Cross Fertilization," delivered by Giovanni Jona-Lasinio of the University of Rome, December 8, 2008, in Aula Magna, Stockholm University (www. Nobelprize. org).

4. 作者对菲利普·安德森的采访,时间为 2009 年 5 月 25 日。
5. 同上。
6. 同上。
7. 同上。
8. 同上。
9. 同上。
10. 这些日期和其他信息以及文章全文,可以在这本书中找到:C. H. Lai, ed., *Gauge Theory of Weak and Electromagnetic Interactions* (Singapore: World Scientific, 1981)。
11. Steven Weinberg, "From BCS to the LHC," in *Perspectives on LHC Physics*, ed. Gordon Kane and Aaron Pierce (Singapore: World Scientifi c, 2008), 139 – 40.
12. Peter Rodgers, "Peter Higgs: The Man Behind the Boson," *Physics World*, 17 (July 10, 2004): 10.
13. 同上。
14. 同上,第 11 页。
15. A. Zee(徐一鸿), *Quantum Field Theory in a Nutshell* (Princeton, NJ: Princeton University Press, 2003), 236.
16. Peter Rodgers, "Peter Higgs: The Man Behind the Boson," *Physics World*, 17 (July 10, 2004): 11.
17. 作者对维克的采访,波士顿, 2009 年 6 月 10 日。
18. 作者对埃利斯的采访,地点:CERN 自助餐厅,时间:2010 年 5 月 4 日。
19. Steve Connor, science editor, "Higgs v. Hawking: A Battle of the Heavyweights That Has Shaken the World of Theoretical Physics," *Independent*, September 3, 2002.
20. 同上。
21. Peter Rodgers, "Peter Higgs: The Man Behind the Boson", 11.
22. Connor, "Higgs v. Hawking".

## 第十章

1. 作者对格拉肖的采访,地点:波士顿大学,时间:2009 年 5 月 15 日。
2. 这是非阿贝尔群 SU(2)。
3. Sheldon Glashow Autobiography, in *Les Prix Nobel* 1979, ed. Wilhelm Odelberg (Stockholm: Nobel Foundation, 1980), p. 2 (www. Nobelprize. org).
4. 作者对格拉肖的采访,地点:波士顿大学,时间:2009 年 5 月 15 日。
5. 同上。

6. Sheldon L. Glashow, "Partial Symmetries of Weak Interactions," Nuclear Physics 22 (1961): 579.
7. Sheldon L. Glashow, *Interactions: A Journey Through the Mind of a Particle Physicist and the Matter of This World* (New York: Warner, 1988).
8. Steven Weinberg Autobiography, in *Les Prix Nobel*, ed. Stig Lundqvist (Singapore: World Scientifi c, 1992), 1 (www. Nobelprize. org).
9. 作者对温伯格的采访,地点:田纳西州奥斯汀,时间:2009 年 3 月 5 日。
10. 同上。
11. 同上。
12. 这两个群是 SU(2) × U(1) × U(1)和 SU(2) × SU(2)。
13. 统一群是 SU(2) × U(1);破缺群对角地嵌入在两个区域之外:电磁作用力和弱作用力——它不是最初的分立的单独电磁相互作用的群。
14. 具体地讲,它是希格斯场的二重态,每重都是复值的希格斯场,所以每重都有两个分量。
15. 作者对茨维巴赫的采访,地点:麻省理工学院,时间:2010 年 4 月 2 日。
16. 作者对温伯格的采访,地点:田纳西州奥斯汀,时间:2009 年 3 月 5 日。
17. Steven Weinberg, "A Model of Leptons," *Physical Review Letters*, 19 (1967): 1264 – 66.
18. Abdus Salam Biography, in *Les Prix Nobel* 1979, ed. Wilhelm Odelberg (Stockholm: Nobel Foundation, 1980), 1 (www. Nobelprize. org).
19. 在 2009 年 87 岁时,法国物理学家德帕尼亚获得了授予独立个人的最大奖——邓普顿奖,奖金总额 142 万美元。
20. Abdus Salam, "Gauge Unification of Fundamental Forces," Nobel Lecture, Stockholm, December 8, 1979. in *Les Prix Nobel* 1979, ed. Wilhelm Odelberg (Stockholm: Nobel Foundation, 1980), 517 – 18 (www. Nobelprize. org).
21. 同上,第 518—519 页。
22. 同上,第 521 页。
23. Ihsan Aslam, "The History Man," *Daily Times* (Pakistan), August 6, 2004.
24. Malcolm W. Browne, "Abdus Salam Is Dead at 70; Physicist Shared Nobel Prize," New York Times, November 23, 1996, Section 1.
25. Aslam, "The History Man."
26. 同上。
27. 同上。
28. Gerard' t Hooft, Nobel Prize Autobiography, in *Les Prix Nobel* 1999, ed. Tore Frängsmyr (Stockholm: Nobel Foundation, 2000), 12 (www. Nobelprize. org).
29. 同上。
30. 同上。
31. 同上。

32. 同上。

33. 作者对特霍夫特的电话采访,地点:荷兰乌德勒支,时间:2009 年 5 月 12 日。

34. 同上。

35. Abdus Salam, "Gauge Unifi cation of Fundamental Forces," Nobel Lecture, Stockholm, December 8, 1979, in *Les Prix Nobel* 1979, ed. Wilhelm Odelberg (Stockholm: Nobel Foundation, 1980), 521 (www.Nobelprize.org).

36. Alan Guth, *The Inflationary Universe: The Quest for a New Theory of Cosmic Origins* (Reading, MA: Addison – Wesley, 1997), 136.

## 第十一章

1. 对此有许多参考文献;其中之一是克雷布斯的一个报告:Graham Kribs, "Quirky Dark Matter" (lecture given at the International Workshop "Beyond the Standard Model Physics and LHC Signatures," *BSM/LHC'09 Conference*, Northeastern University, June 4, 2009)。

2. Gordon Kane, University of Michigan, "Non – thermal Wino LSP Dark Matter Describes PAMELA Data Well" (lecture given at SUSY 2009—The 17th International Conference on Supersymmetry and the Unifi cation of Fundamental Interactions, Northeastern University, Boston, June 5 – 10, 2009).

3. 这个群是 SU(5)群,它是 5 阶特殊酉群。

4. Goran Senjanovic, ICTP, "Proton Decay and Grand Unification" (lecture given at SUSY 2009).

5. CERN 的 ATLAS 合作组的詹尼在 2009 年 6 月于美国东北大学举办的 SUSY09 研讨会上做了关于 LHC 前景的报告。在报告的最后,他的幻灯片播放了一张年轻少女的图片,图注写道:"我们可能会找到美丽的 SUSY 吗?"

6. Julius Wess, "From Symmetry to Supersymmetry" (lecture given at the international conference on supersymmetry, SUSY 2007, Karlsruhe, Germany, July 2007).

7. Osamu Jinnouchi, Tokyo Institute of Technology, on behalf of the ATLAS Collaboration, "Searches for SUSY with the ATLAS Detector" (lecture given at SUSY 2009).

8. Wilfried Buchmüller, DESY Hamburg, "Gravitino Dark Matter" (lecture given at SUSY 2009).

9. 同上。

10. Fabienne Ledroit-Guillon, CERN, "ATLAS Prospects for Early BSM Searches" (lecture given at the International Workshop "Beyond the Standard Model Physics and LHC Signatures," BSM/LHC'09 Conference, Northeastern University, June 2, 2009).

11. Raman Sundrum, Johns Hopkins University, "Dark Masses and SUSY Breaking" (lecture given at SUSY 2009).

12. 同上。

## 第十二章

1. 作者对韦内齐亚诺的采访,地点:意大利热那亚,时间:2005 年 10 月 27 日。
2. 作者对贝肯斯坦的采访,地点:耶路撒冷希伯来大学,时间:2009 年 4 月 26 日。
3. 作者对彭罗斯的采访,地点:意大利热那亚,时间:2005 年 11 月 5 日。
4. 作者对韦内齐亚诺的采访,地点:巴黎法兰西学院,时间:2009 年 5 月 6 日。
5. Michael Atiyah, "Geometry and Physics: Past, Present, and Future" (lecture given at "Perspectives in Mathematics and Physics," Singer Conference 2009, in celebration of I. M. Singer's 85th Birthday, Massachusetts Institute of Technology, May 22 - 24, 2009).
6. 作者对温伯格的采访,地点:田纳西州奥斯汀,时间:2009 年 3 月 5 日。
7. 同上。
8. 同上。

## 第十三章

1. 作者对索兰德(Peter Sollander)的采访,地点:CERN 控制中心,时间:2010 年 3 月 5 日。
2. Madhusree Mukerjee, "A Little Big Bang," Scientific American, March 1999, 65 - 70.
3. 详情请见:Robert P. Crease, "Case of the Deadly Strangelets," Physics World, July 2000, 19 - 20。
4. 同上,第 19 页。
5. 同上。
6. 同上。
7. 作者对萨斯坎德的采访,地点:斯坦福大学,时间:2009 年 3 月 24 日。
8. 同上。
9. 同上。
10. Leonard Susskind, "Black Holes and the Information Paradox," Scientific American, April 1997, 18 - 21.
11. 同上。
12. 作者对萨斯坎德的采访,地点:斯坦福大学,时间:2009 年 3 月 24 日。
13. 同上。
14. 作者对韦内齐亚诺的采访,地点:巴黎法兰西学院,时间:2009 年 5 月 6 日。
15. 同上。
16. Fabienne Ledroit - Guillon, CERN, "ATLAS Prospects for Early BSM Searches" (lecture given at the International Workshop "Beyond the Standard Model Physics and LHC Signatures," BSM/LHC'09 Conference, Northeastern University, June 2, 2009).

17. From the webpage www. lhc. fr. I am indebted to Marie Musy for directing me to it.
18. 作者对贝肯斯坦的采访,地点:耶路撒冷希伯来大学,时间:2009 年 4 月 26 日。
19. 同上。
20. 同上。
21. 作者对柯克比的采访,地点:CERN 的自助餐厅,时间:2010 年 3 月 4 日。

## 第十四章

1. Osamu Jinnouchi, Tokyo Institute of Technology, on behalf of the ATLAS Collaboration, "Searches for SUSY with the ATLAS Detector" (lecture given at SUSY 2009—The 17th International Conference on Supersymmetry and the Unification of Fundamental Interactions, Northeastern University, Boston, June 5 – 10, 2009).
2. 作者对弗里德曼的采访,时间为 2010 年 3 月 12 日。
3. 最近的一篇调研文章是 Adam Frank, "Who Wrote the Book of Physics?" *Discover*, April 2010, 33 – 37。

## 后记

1. 感谢茨维巴赫对 7 TeV 质子速度的计算。
2. CERN 新闻办公室给注册新闻记者的电子邮件,2010 年 3 月 23 日。
3. 奇里利与作者的私人通信,2010 年 4 月 28 日。
4. CERN 新闻委员会,CERN 总部,2010 年 4 月 30 日。
5. 詹尼与作者的私人通信,2010 年 4 月 7 日。
6. CERN 新闻委员会,CERN 总部,2010 年 3 月 30 日。
7. 托内利与作者的私人通信,2010 年 4 月 2 日。
8. 同上。
9. CERN 新闻委员会,CERN 总部,2010 年 3 月 30 日。

**本书参考文献可至上海科技教育出版社网站查阅，网址如下：**

http://www.sste.com

**Present at the Creation:**
**The Story of CERN and the Large Hadron Collider**
by
Amir D. Aczel


责任编辑　郑华秀　王世平
装帧设计　汤世梁

哲人石丛书
**目睹创世**
**——欧洲核子研究中心及大型强子对撞机史话**
阿米尔·D·阿克塞尔　著
乔从丰　田雨　吕晓睿　汤亮　陈曰德　译
乔从丰　审校

---

上海世纪出版股份有限公司
上 海 科 技 教 育 出 版 社　出版
（上海冠生园路393号　邮政编码200235）
上海世纪出版股份有限公司发行中心发行
网址：www. ewen. co　www. sste. com
各地新华书店经销　上海商务联西印刷有限公司印刷
ISBN 978－7－5428－6133－7/N·926
图字 09－2012－861 号

---

开本 635×965　1/16　印张 15.5　插页 8　字数 186 000
2014 年 12 月第 1 版　2014 年 12 月第 1 次印刷
定价：42.00 元

# 哲人石丛书

当代科普名著系列　当代科技名家传记系列
当代科学思潮系列　科学史与科学文化系列

## 第一辑

**确定性的终结——时间、混沌与新自然法则** 13.50 元
伊利亚·普利高津著　湛敏译

**PCR 传奇——一个生物技术的故事** 15.50 元
保罗·拉比诺著　朱玉贤译

**虚实世界——计算机仿真如何改变科学的疆域** 18.50 元
约翰·L·卡斯蒂著　王千祥等译

**完美的对称——富勒烯的意外发现** 27.50 元
吉姆·巴戈特著　李涛等译

**超越时空——通过平行宇宙、时间卷曲和第十维度的科学之旅** 28.50 元
加来道雄著　刘玉玺等译

**欺骗时间——科学、性与衰老** 23.30 元
罗杰·戈斯登著　刘学礼等译

**失败的逻辑——事情因何出错，世间有无妙策** 15.00 元
迪特里希·德尔纳著　王志刚译

**技术的报复——墨菲法则和事与愿违** 29.40 元
爱德华·特纳著　徐俊培等译

**地外文明探秘——寻觅人类的太空之友** 15.30 元
迈克尔·怀特著　黄群等译

**生机勃勃的尘埃——地球生命的起源和进化** 29.00 元
克里斯蒂安·德迪夫著　王玉山等译

**大爆炸探秘——量子物理与宇宙学** 25.00 元
约翰·格里宾著　卢炬甫译

**暗淡蓝点——展望人类的太空家园** 22.90 元
卡尔·萨根著　叶式辉等译

**探求万物之理——混沌、夸克与拉普拉斯妖** 20.20 元
罗杰·G·牛顿著　李香莲译

**亚原子世界探秘——物质微观结构巡礼** 18.40 元

艾萨克·阿西莫夫著 朱子延等译

**终极抉择——威胁人类的灾难** 29.00 元

艾萨克·阿西莫夫著 王鸣阳译

**卡尔·萨根的宇宙——从行星探索到科学教育** 28.40 元

耶范特·特齐安等主编 周惠民等译

**激情澎湃——科学家的内心世界** 22.50 元

刘易斯·沃尔珀特等著 柯欣瑞译

**霸王龙和陨星坑——天体撞击如何导致物种灭绝** 16.90 元

沃尔特·阿尔瓦雷斯著 马星垣等译

**双螺旋探秘——量子物理学与生命** 22.90 元

约翰·格里宾著 方玉珍等译

**师从天才——一个科学王朝的崛起** 19.80 元

罗伯特·卡尼格尔著 江载芬等译

**分子探秘——影响日常生活的奇妙物质** 22.50 元

约翰·埃姆斯利著 刘晓峰译

**迷人的科学风采——费恩曼传** 23.30 元

约翰·格里宾等著 江向东译

**推销银河系的人——博克传** 22.90 元

戴维·H·利维著 何妙福译

**一只会思想的萝卜——梅达沃自传** 15.60 元

彼得·梅达沃著 袁开文等译

**无与伦比的手——弗尔迈伊自传** 18.70 元

海尔特·弗尔迈伊著 朱进宁等译

**无尽的前沿——布什传** 37.70 元

G·帕斯卡尔·扎卡里著 周惠民等译

**数字情种——埃尔德什传** 21.00 元

保罗·霍夫曼著 米绪军等译

**星云世界的水手——哈勃传** 32.00 元

盖尔·E·克里斯琴森著 何妙福等译

**美丽心灵——纳什传** 38.80 元

西尔维娅·娜萨著 王尔山译

**乱世学人——维格纳自传** 24.00 元

尤金·P·维格纳等著 关洪译

**大脑工作原理——脑活动、行为和认知的协同学研究** 28.50 元

赫尔曼·哈肯著 郭治安等译

**生物技术世纪——用基因重塑世界** 21.90 元
杰里米·里夫金著 付立杰等译
**从界面到网络空间——虚拟实在的形而上学** 16.40 元
迈克尔·海姆著 金吾伦等译
**隐秩序——适应性造就复杂性** 14.60 元
约翰·H·霍兰著 周晓牧等译
**何为科学真理——月亮在无人看它时是否在那儿** 19.00 元
罗杰·G·牛顿著 武际可译
**混沌与秩序——生物系统的复杂结构** 22.90 元
弗里德里希·克拉默著 柯志阳等译
**混沌七鉴——来自易学的永恒智慧** 16.40 元
约翰·布里格斯等著 陈忠等译
**病因何在——科学家如何解释疾病** 23.50 元
保罗·萨加德著 刘学礼译
**伊托邦——数字时代的城市生活** 13.90 元
威廉·J·米切尔著 吴启迪等译
**爱因斯坦奇迹年——改变物理学面貌的五篇论文** 13.90 元
约翰·施塔赫尔主编 范岱年等译

## 第二辑

**人生舞台——阿西莫夫自传** 48.80 元
艾萨克·阿西莫夫著 黄群等译
**人之书——人类基因组计划透视** 23.00 元
沃尔特·博德默尔等著 顾鸣敏译
**知无涯者——拉马努金传** 33.30 元
罗伯特·卡尼格尔著 胡乐士等译
**逻辑人生——哥德尔传** 12.30 元
约翰·卡斯蒂等著 刘晓力等译
**突破维数障碍——斯梅尔传** 26.00 元
史蒂夫·巴特森著 邝仲平译
**真科学——它是什么，它指什么** 32.40 元
约翰·齐曼著 曾国屏等译
**我思故我笑——哲学的幽默一面** 14.40 元
约翰·艾伦·保罗斯著 徐向东译

**共创未来——打造自由软件神话** 25.60 元
彼得·韦纳著　王克迪等译
**反物质——世界的终极镜像** 16.60 元
戈登·弗雷泽著　江向东等译
**奇异之美——盖尔曼传** 29.80 元
乔治·约翰逊著　朱允伦等译
**技术时代的人类心灵——工业社会的社会心理问题** 14.80 元
阿诺德·盖伦著　何兆武等译
**物理与人理——对高能物理学家社区的人类学考察** 17.50 元
沙伦·特拉维克著　刘珺珺等译
**无之书——万物由何而生** 24.00 元
约翰·D·巴罗著　何妙福等译
**恋爱中的爱因斯坦——科学罗曼史** 37.00 元
丹尼斯·奥弗比著　冯承天等译
**展演科学的艺术家——萨根传** 51.00 元
凯伊·戴维森著　暴永宁译
**科学哲学——当代进阶教程** 20.00 元
亚历克斯·罗森堡著　刘华杰译
**为世界而生——霍奇金传** 30.00 元
乔治娜·费里著　王艳红等译
**数学大师——从芝诺到庞加莱** 46.50 元
E·T·贝尔著　徐源译
**避孕药的是是非非——杰拉西自传** 31.00 元
卡尔·杰拉西著　姚宁译
**改变世界的方程——牛顿、爱因斯坦和相对论** 21.00 元
哈拉尔德·弗里奇著　邢志忠等译
**“深蓝”揭秘——追寻人工智能圣杯之旅** 25.00 元
许峰雄著　黄军英等译
**新生态经济——使环境保护有利可图的探索** 19.50 元
格蕾琴·C·戴利等著　郑晓光等译
**脆弱的领地——复杂性与公有域** 21.00 元
西蒙·莱文著　吴彤等译
**孤独的科学之路——钱德拉塞卡传** 36.00 元
卡迈什瓦尔·C·瓦利著　何妙福等译
**科学的统治——开放社会的意识形态与未来** 20.00 元
史蒂夫·富勒著　刘钝译

**千年难题——七个悬赏 1000000 美元的数学问题** 20.00 元
基思·德夫林著　沈崇圣译
**爱因斯坦恩怨史——德国科学的兴衰** 26.50 元
弗里茨·斯特恩著　方在庆等译
**科学革命——批判性的综合** 16.00 元
史蒂文·夏平著　徐国强等译
**早期希腊科学——从泰勒斯到亚里士多德** 14.00 元
G·E·R·劳埃德著　孙小淳译
**整体性与隐缠序——卷展中的宇宙与意识** 21.00 元
戴维·玻姆著　洪定国等译
**一种文化？——关于科学的对话** 28.50 元
杰伊·A·拉宾格尔等主编　张增一等译
**寻求哲人石——炼金术文化史** 44.50 元
汉斯-魏尔纳·舒特著　李文潮等译

## 第三辑

**哲人石——探寻金丹术的秘密** 49.50 元
彼得·马歇尔著　赵万里等译
**旷世奇才——巴丁传** 39.50 元
莉莲·霍德森等著　文慧静等译
**黄钟大吕——中国古代和十六世纪声学成就** 19.00 元
程贞一著　王翼勋译
**精神病学史——从收容院到百忧解** 47.00 元
爱德华·肖特著　韩健平等译
**认识方式——一种新的科学、技术和医学史** 24.50 元
约翰·V·皮克斯通著　陈朝勇译
**爱因斯坦年谱** 20.50 元
艾丽斯·卡拉普赖斯编著　范岱年译
**心灵的嵌齿轮——维恩图的故事** 19.50 元
A·W·F·爱德华兹著　吴俊译
**工程学——无尽的前沿** 34.00 元
欧阳莹之著　李啸虎等译
**古代世界的现代思考——透视希腊、中国的科学与文化** 25.00 元
G·E·R·劳埃德著　钮卫星译
**天才的拓荒者——冯·诺伊曼传** 32.00 元
诺曼·麦克雷著　范秀华等译

## 第四辑

**达尔文爱你——自然选择与世界的返魅** 42.00 元

乔治·莱文著　熊姣等译

**造就适者——DNA 和进化的有力证据** 39.00 元

肖恩·卡罗尔著　杨佳蓉译　钟扬校

**发现空气的人——普里斯特利传** 26.00 元

史蒂文·约翰逊著　闫鲜宁译

**饥饿的地球村——新食物短缺地缘政治学** 22.00 元

莱斯特·R·布朗著　林自新等译

**再探大爆炸——宇宙的生与死** 50.00 元

约翰·格里宾著　卢炬甫译

**希格斯——"上帝粒子"的发明与发现** 38.00 元

吉姆·巴戈特著　邢志忠译

**夏日的世界——恩赐的季节** 40.00 元

贝恩德·海因里希著　朱方等译

**量子、猫与罗曼史——薛定谔传** 40.00 元

约翰·格里宾著　匡志强译

**物质神话——挑战人类宇宙观的大发现** 38.00 元

保罗·戴维斯等著　李泳译

**软物质——构筑梦幻的材料** 56.00 元

罗伯托·皮亚扎著　田珂珂等译

**物理学巨匠——从伽利略到汤川秀树** 61.00 元

约安·詹姆斯著　戴吾三等译

**从阿基米德到霍金——科学定律及其背后的伟大智者** 87.00 元

克利福德·A·皮克奥弗著　何玉静等译

**致命伴侣——在细菌的世界里求生** 41.00 元

杰西卡·斯奈德·萨克斯著　刘学礼等译

**生物学巨匠——从雷到汉密尔顿** 37.00 元

约安·詹姆斯著　张钫译

**科学简史——从文艺复兴到星际探索** 90.00 元

约翰·格里宾著　陈志辉等译

**目睹创世——欧洲核子研究中心及大型强子对撞机史话** 42.00 元

阿米尔·D·阿克塞尔著　乔从丰等译